Arezou Shafaghat
Muhd Zaimi Abd Majid
Ali Keyvanfar

Desenvolvimento de estradas e ruas verdes

Arezou Shafaghat
Muhd Zaimi Abd Majid
Ali Keyvanfar

Desenvolvimento de estradas e ruas verdes

ScienciaScripts

Imprint
Any brand names and product names mentioned in this book are subject to trademark, brand or patent protection and are trademarks or registered trademarks of their respective holders. The use of brand names, product names, common names, trade names, product descriptions etc. even without a particular marking in this work is in no way to be construed to mean that such names may be regarded as unrestricted in respect of trademark and brand protection legislation and could thus be used by anyone.

Cover image: www.ingimage.com

This book is a translation from the original published under ISBN 978-3-659-86541-1.

Publisher:
Sciencia Scripts
is a trademark of
Dodo Books Indian Ocean Ltd. and OmniScriptum S.R.L publishing group

120 High Road, East Finchley, London, N2 9ED, United Kingdom
Str. Armeneasca 28/1, office 1, Chisinau MD-2012, Republic of Moldova, Europe
Managing Directors: Ieva Konstantinova, Victoria Ursu
info@omniscriptum.com

Printed at: see last page
ISBN: 978-620-8-53845-3

Índice

Prefácio

O livro que propomos apresenta as tecnologias avançadas e a consciência ambiental produzidas como a mais recente inovação da engenharia mundial na conceção e desenvolvimento de auto-estradas, ruas e corredores ecológicos.

O sector da construção desempenha um papel importante na economia da Malásia. O sector da construção contribui com um valor elevado de acidentes na nossa indústria e é extremamente perigoso e arriscado. É sabido que os projectos de construção têm muitos acidentes relacionados com o trabalho e, no entanto, há muitos factores que afectam o desempenho da segurança no estaleiro de construção. Atualmente, foram iniciados vários esforços pelo governo para prevenir problemas de segurança e saúde no trabalho no estaleiro de construção. Foram planeadas e incluídas várias estratégias no Plano Diretor da Construção de Edifícios. Este plano inclui a aplicação, a normalização, a formação e a promoção para monitorizar o desempenho da segurança e da saúde no trabalho a todos os níveis da construção. Este contexto acabou por inspirar e dar ao Conselho de Desenvolvimento da Indústria da Construção (CIDB) da Malásia a iniciativa de introduzir o Sistema de Avaliação da Segurança e da Saúde na Construção (SHASSIC) com o objetivo principal de avaliar o desempenho da segurança e da saúde nos projectos de construção. Acredita-se que, na indústria, é necessário dispor de uma ferramenta de avaliação da segurança proactiva para prever futuros problemas de segurança e medir o custo das lesões e até melhorar o desempenho da segurança nos estaleiros de construção, questões que o presente livro aprofundou.

Este capítulo do livro aborda a gestão da construção de auto-estradas, onde a Autoestrada Verde foi introduzida para promover a construção sustentável. Na Malásia, o conceito verde visa provar os benefícios dos elementos verdes na construção de auto-estradas. Embora tenham sido desenvolvidas algumas diretrizes ou normas, existe uma necessidade crítica de promover práticas sustentáveis na construção de auto-estradas. A este respeito, o capítulo do livro apresenta o Sistema de Classificação de Auto-estradas Verdes, que ajuda os engenheiros e projectistas de auto-estradas a medir até que ponto os elementos verdes foram implementados ou absorvidos na construção de auto-estradas. A Malásia vai embarcar numa série de projectos para ajudar a impulsionar o crescimento económico. Espera-se que estes projectos liderem o esforço do país para se tornar uma economia de elevado rendimento e uma nação desenvolvida até ao ano 2020. Para concretizar estes planos, é necessário criar uma reserva de talentos em termos de capital humano. É evidente que o ensino da engenharia tem de ser transformado para preparar a nossa futura geração de engenheiros para enfrentar o desafio, à medida que a Malásia avança para uma nação desenvolvida e com uma economia de elevado rendimento. Como a mais antiga universidade técnica da Malásia e o principal instituto de engenharia do ensino superior, a Universiti Teknologi Malaysia (UTM) está pronta para ser um líder no desenvolvimento de capital humano e de tecnologias inovadoras que contribuirão para a criação de riqueza da nação.

Os autores esperam que este capítulo do livro dê aos investigadores uma melhor compreensão da questão emergente do desenvolvimento de edifícios sustentáveis. Isto aumentará ainda mais o conhecimento dos investigadores, bem como lhes permitirá obter informações valiosas para outras oportunidades de investigação

Para a nossa melhoria contínua, agradecemos os vossos valiosos comentários, sugestões e críticas. Esperamos que o vosso feedback possa melhorar o conteúdo do capítulo do livro em edições futuras. A vossa compreensão e apoio recordam-nos sempre que tentamos dar o nosso melhor para apresentar capítulos de livros da mais elevada qualidade. Por último, mas não menos importante, gostaríamos de agradecer a todos os autores que contribuíram generosamente com as suas descobertas e de manifestar o nosso maior apreço a todos os que ajudaram, direta ou indiretamente, no processo de redação e compilação deste capítulo de livro.

Dr. Arezou Shafaghat

Prof. Dr. Muhd Zaimi Abd Majid

Dr. Ali Keyvanfar

Centro de Investigação da Construção (CRC)

Instituto de Infra-estruturas Inteligentes e Construção Inovadora (ISIIC)

Faculdade de Engenharia Civil

Universiti Teknologi Malaysia

março de 2016

Capítulo 1 Reflexos das tecnologias da informação (TI) no desenvolvimento urbano contemporâneo

Mohammed Salim Ferwati, Arezou Shafaghat, Ali Keyvanfar

1. INTRODUÇÃO

Atualmente, 54% da população mundial vive em cidades e estima-se que esta proporção aumente para 66% até 2050 (ONU, 2014). Assim, as cidades são os principais contribuintes para as questões centrais do mundo, uma vez que estão a assumir a liderança na sobrepopulação, na poluição do ar, do solo e da água, no consumo de energia, na degradação do ambiente, na expansão urbana e na urbanização insustentável. Por outro lado, as cidades são motores de inovação e estão a intensificar a revolução tecnológica, que se está a tornar uma força capaz de alterar o âmbito das coisas. O advento da informática e dos sistemas avançados de telecomunicações parece estar a abrir novas perspectivas para a gestão das cidades, e também o ciberespaço foi introduzido como um novo mundo para a sociedade. Gradualmente, a utilização das tecnologias da informação (TI) tornou-se mais integrada na vida quotidiana; a tecnologia está a tornar-se mais oculta e considerada como uma parte "normal" da nossa vida. Devido à crescente integração da informática nas comunidades urbanas e à forma como os novos comportamentos têm impacto nas nossas cidades, é necessária muita atenção e investigação. A sociedade tecnológica está a desenvolver-se rapidamente, mas que nível de conhecimento têm os investigadores e planeadores do seu impacto na cidade? Como é que o avanço das tecnologias da informação e da comunicação (TIC) está a transformar as nossas cidades? Quais são os seus efeitos nos aspectos físicos e sociais do tecido urbano da cidade? Como é que a tecnologia está a afetar o ser humano, se o está a mudar ou se está adaptado a ela? Estudiosos e observadores têm argumentado a favor e contra os potenciais impactos da revolução digital no tecido urbano das cidades. Por um lado, parte deles argumenta que a Revolução Industrial foi um acontecimento importante e que as tecnologias da informação não terão um décimo do impacto que a revolução industrial teve. No entanto, por outro lado, alguns investigadores assumem que dentro de 30 anos não seremos capazes de reconhecer as nossas cidades, uma vez que estas estarão completamente transformadas devido ao incrível avanço das tecnologias, e ainda estamos na fase de transição, mas os indicadores de mudança começaram a surgir. Neste artigo, serão explorados os impactos das TIC nos aspectos físicos e sociais da cidade, tendo como referência o conhecimento e a investigação actuais sobre este tema. Além disso, este documento aplicará a metodologia de estudo de caso no Estado do Qatar. Esta abordagem será seguida para testar a hipótese de que "as TICS estão a mudar a forma como as pessoas interagem umas com as outras e, consequentemente, a afetar a forma como a cidade é utilizada". As TIC têm impacto nas nossas cidades, sendo uma das principais razões por detrás das mudanças físicas e sociais no período contemporâneo. Uma vez que representam uma ferramenta altamente integrada na nossa vida quotidiana e estão relacionadas com quase todos os aspectos da nossa vida, incluindo a gestão da cidade. As mudanças físicas podem ser menos evidentes, mas o aspeto social está no limite.

2. METODOLOGIA DE INVESTIGAÇÃO

As questões de investigação foram concebidas à luz da era da informação, a fim de fornecer uma indicação dos conhecimentos recentes sobre as TI e dos seus potenciais impactos nos aspectos físicos e sociais da cidade. Os impactos são explorados e avaliados com referência aos conhecimentos recentes sobre as TI. Estas questões são exploradas através da análise do papel das TIC na alteração do tecido social e físico da cidade, na sequência de uma revisão de estudos recentes relevantes. Além disso, através de uma metodologia de estudo de caso em Doha, no Qatar, são identificados os padrões e retiradas conclusões de carácter prático. Este caso foi selecionado para revelar o curso dos impactos físicos e sociais da prática real. O trabalho concentra-se em dados qualitativos e quantitativos secundários. Os dados qualitativos são provenientes de relatórios académicos, enquanto os quantitativos são obtidos a partir de dados estatísticos do Qatar. A Figura 1 ilustra o quadro concetual da investigação sobre a penetração das TIC no desenvolvimento urbano contemporâneo.

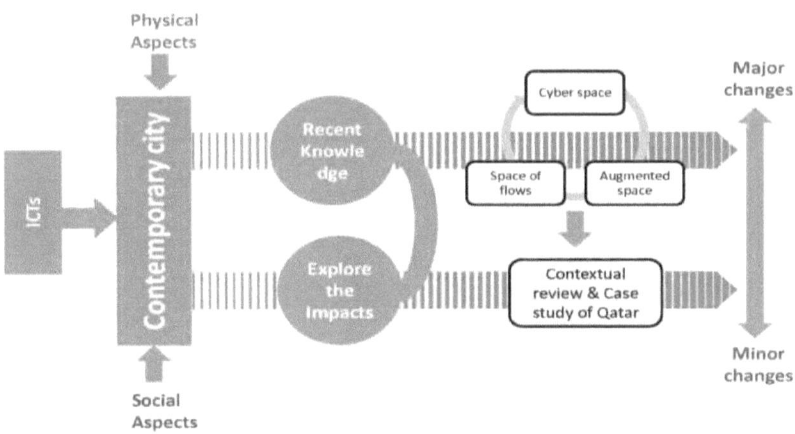

Figura 1: O quadro concetual da penetração das TIC no desenvolvimento urbano contemporâneo

O capítulo é apresentado da seguinte forma: em primeiro lugar, as perspectivas teóricas que enquadram a investigação; em seguida, os debates e o estudo de caso; por último, são apresentadas as principais conclusões e recomendações para futuras abordagens de planeamento.

3. CONTEXTUALIZAÇÃO

Para uma melhor compreensão da perspetiva teórica que enquadra a investigação proposta, procedeu-se a uma revisão crítica dos estudos académicos relevantes. Na sequência da revisão da literatura, foram identificados alguns temas recorrentes, que são resumidos de seguida. A primeira secção apresentará definições de terminologias claramente articuladas que surgiram recentemente na era da informação. A segunda secção analisará os seus impactos físicos nas nossas cidades. A terceira secção identifica os impactos sociais.

3.1. Termos da era da informação

Existem muitos termos recentemente desenvolvidos associados ao avanço da tecnologia e à disseminação da sua utilização em todos os aspectos da vida. A maior parte dos novos termos técnicos utiliza palavras do mundo físico e aplica-as ao mundo virtual como um novo mundo paralelo. No entanto, na literatura analisada, os investigadores apresentaram algumas definições diferentes dos novos termos digitais. As definições seguintes serão introduzidas neste estudo com base na sua relevância para esta investigação específica.

2.1.1. Ciberespaço

Alessandro Aurigi, no seu livro '*Making the Digital City*', afirmou que o ciberespaço foi introduzido como um novo mundo, a tecnologia da informação tornou possível a criação de "mundos virtuais" e estes permitem mais do que apenas mostrar algo (Aurigi, 2005). Definiu-o como "o ciberespaço é um 'lugar sem espaço' concetual onde as palavras, as relações humanas, os dados, a riqueza, o estatuto e o poder são manifestados por pessoas que utilizam a tecnologia de comunicação mediada por computador" (Aurigi, 2005). A Internet permite que as pessoas comuniquem entre si e desempenhem várias funções que antes estavam exclusivamente ligadas ao mundo físico. O ciberespaço permite que as pessoas façam coisas reais e, ao mesmo tempo, não tem todas as desvantagens do mundo material (ver Figura 2).

Figura 2: A Cibercidade (Fonte: http://shelest.deviantart.com/art/Cyber-city-Concept-03-295804406)

2.1.2. Espaço aumentado

Alessandro Aurigi e De Cindio criaram o conceito de espaço aumentado para compreender a relação entre os mundos físico e virtual; definiram-no como "O espaço físico sobreposto com informações que mudam dinamicamente, de forma multimédia e localizadas para cada utilizador" (Aurigi e De Cindio, 2008). Assim, as pessoas terão uma nova experiência de formas espaciais preenchidas com informações multimédia ricas que podem ser acedidas sem fios. Os autores argumentam contra uma fronteira clara entre o digital e o físico: "Na cidade aumentada, os espaços 'virtuais' e 'físicos' já não são duas dimensões separadas, mas apenas partes de um continuum, de um todo (Figura 3, Figura 4). O ambiente físico e o digital passaram a definir-se mutuamente e conceitos como espaço público e "terceiro lugar", identidade e conhecimento, cidadania e participação pública são todos inevitavelmente afectados pela configuração do espaço urbano reconfigurado e aumentado" (Aurigi e De Cindio, 2008).

Figura 3: Design Urbano Aumentado e Desenvolvimento (Fonte: Os pequenos segredos sujos do M-Learning, https://ryan2point0.wordpress.com/2014/01/28/the-3-mindsets-of-m-learning/)

Figura 4: Um ambiente de realidade aumentada para a simulação interactiva de multidões (Fonte: http://www.cs.bilkent.edu.tr/~modvis/projects/112E110/description.html)

2.1.3. Espaço de fluxos

O espaço é uma dimensão essencial que comunica a comunidade urbana: o espaço dos lugares (o mundo físico real, o espaço onde as pessoas vivem, trabalham e desenvolvem relações umas com as outras), foi resumido no espaço dos fluxos (rede eletrónica informatizada de telecomunicações). O espaço de fluxos é uma abstração intelectual de alto nível do espaço e do tempo, e das suas interações vibrantes com a sociedade da era digital. O conceito foi criado pelo sociólogo mais influente da atualidade, Manuel Castells, para "reconceptualizar novas formas de organização espacial no âmbito do novo paradigma tecnológico" (Castells, 2001-2002). O seu novo tipo de espaço envolve o meio da tecnologia, a reação ao tempo, o fluxo permanente de informação e nós informáticos distribuídos por todo o mundo.

2.2. Impactos urbanos

As tecnologias estão a emergir rapidamente e introduzem novas práticas e serviços que têm um grande impacto no tecido físico da cidade e nas práticas de planeamento urbano, ao mesmo tempo que coexistem com os equipamentos urbanos. De acordo com (Fusero, 2009), o processo de transformação territorial influenciado pelo novo modelo de vida digital foi argumentado da seguinte forma: "se analisarmos os efeitos que a difusão das redes digitais está a ter nas nossas cidades, apercebemo-nos que não se trata nem de um processo de centralização nem de descentralização de actividades, mas sim de um processo complexo de 'fragmentação' e 'remontagem' dos modelos urbanos existentes." (Fusero, 2009). O modelo urbano resultante é uma cidade multicêntrica composta por bairros multifuncionais, auto-suficientes a nível pedonal, interligados através de redes de transportes públicos adequadas e redes digitais eficientes.

Além disso, para uma melhor compreensão dos impactos previstos do desenvolvimento das TIC nos futuros modelos urbanos, William J. Mitchell desenvolveu o termo E-topia, numa tentativa de orientar o urbanismo e o design urbano para o avanço do software que gera ambientes virtuais e interligações electrónicas entre os edifícios e a cidade. Segundo Mitchell (1999), a sua conceção tem cinco pontos cruciais: desmaterialização, desmobilização, funcionamento inteligente, personalização em massa e uma transformação gradual.

Três deles serão definidos nesta secção no que diz respeito ao seu efeito na alteração do tecido físico da cidade. O autor apresenta um exemplo prático para cada uma delas. Em primeiro lugar, a desmaterialização refere-se ao desaparecimento físico da cidade. Quando um novo sistema baseado na tecnologia digital substitui um sistema que se baseia, de facto, na interação física (Mitchell, 1999). Por exemplo, a banca eletrónica, a administração pública eletrónica, o correio eletrónico, as bibliotecas, os museus e as universidades virtuais são todas actividades novas obtidas através do avanço das TIC. A venda de livros em linha, por exemplo, alterou drasticamente os padrões de compra, distribuição e transporte desta atividade, chegando por vezes a substituí-los. Por outro lado, a desmobilização tem a ver com o facto de muitas actividades que, na cidade tradicional, necessitavam de se deslocar de um lugar para outro, terem sido substituídas pelas actividades informáticas. Na E-Topia, diferentes tarefas podem ser realizadas pelo computador sem se deslocar para qualquer lugar, e é mais fácil mover dados do que mover pessoas. Este princípio vai mudar completamente a ideia que liga os diferentes espaços físicos com a especialidade das práticas humanas que neles se realizam (Mitchell, 1999). Por exemplo, os espaços de trabalho dos escritórios foram afectados pela utilização difundida de redes e serviços digitais e pelo aparecimento da ideia de teletrabalho. Assim, o espaço de trabalho já não precisa de estar centralizado num edifício específico, mas sim distribuído por diferentes bairros e, por vezes, diferentes países. O terceiro ponto da E-Topia refere-se ao "funcionamento inteligente" dos seus espaços.

Os edifícios reais desta cidade virtual serão inteligentes de forma a interagir com os seus residentes através de ecrãs, câmaras, microfones e sensores. Todos estes dispositivos serão ligados em rede para constituir um sistema do edifício controlado por um computador. Desta forma, os limites convencionais entre os residentes e o edifício desaparecerão (Mitchell, 1999). Por exemplo, os menus digitais são oferecidos nos restaurantes; também foram introduzidas mesas interactivas, onde as pessoas podem encomendar comida diretamente das suas mesas e o seu pedido irá diretamente para o sistema sem a ajuda do empregado de mesa ou a necessidade de se servirem a si próprias. As casas inteligentes também foram equipadas com as mais recentes tecnologias digitais, com ecrãs e sensores de luz e nível de temperatura que podem ser ajustados automaticamente pelo sistema para corresponder ao nível preferido previamente atribuído pelo utilizador.

De facto, espera-se que todos os aparelhos que adquirimos se tornem inteligentes nos próximos dez anos. Ao nível da cidade, os sensores de tráfego são distribuídos ao longo das ruas para recolher dados em tempo real sobre a disponibilidade de lugares de estacionamento, indicadores da poluição atmosférica e sonora, etc. Todos estes dados podem ser processados por estações de deteção específicas e, em seguida, tomar medidas específicas, como desviar os veículos para rotas alternativas, bloquear o tráfego numa determinada área, fornecer informações sobre a disponibilidade de lugares de estacionamento, etc. Todas estas medidas podem não afetar diretamente o aspeto físico, mas facilitarão a ligação das pessoas com o mundo físico através das novas tecnologias desenvolvidas.

2.3. Impactos sociais

Até agora, a investigação apresentou a forma como as tecnologias estão a afetar o ambiente físico e a relação entre as pessoas e o mundo físico. Mas o que dizer da relação entre as próprias pessoas? Como é que o crescente desenvolvimento das tecnologias da informação e da comunicação está a afetar a vida social e os comportamentos das pessoas? Hoje em dia, as TIC atravessam todos os aspectos da vida social, provocando mudanças significativas nos modelos de relação e nos comportamentos e actividades individuais. A tecnologia está, obviamente, a tornar-se o método preferido de comunicação social, alterando os actos individuais e as interações dos grupos no seio da povoação e, consequentemente, transformando a forma como as cidades são utilizadas. Assim, a familiaridade das novas gerações com o uso das novas tecnologias representa um fator importante que conduzirá a um modelo de Vida Digital (Fusero, 2009).

No que se refere aos princípios da revolução digital de Mitchell, o princípio da desmobilização também afectará a vida social; na E-Topia, muitas das actividades anteriormente consideradas "sociais" deixarão de exigir deslocações. Os novos pontos de encontro serão virtuais: chats, newsgroups, serviços para encontrar um amigo ou um parceiro, etc.

De facto, como o impacto social das novas tecnologias é mais óbvio do que o impacto físico, foi formulada uma tensão, devido aos seus efeitos nas interações das pessoas, entre uma conotação positiva do espaço equipado digitalmente, que permite a ligação e o sentimento de pertença das pessoas, e uma perspetiva negativa, em que as pessoas se tornam controladas e ligadas à rede e aumentam o isolamento e a deslocação. Isto é apoiado por Crage, que argumentou que: "A tecnologia informática foi concebida para promover e acelerar a comunicação global e, no entanto, o efeito é, de alguma forma, a desconexão e a distância. Os indivíduos estão cada vez mais fechados no isolamento das suas casas e só contactam com o mundo exterior através das telecomunicações e dos sistemas informáticos de informação em rede". (Crang, 2000).

Segundo ele e muitos outros estudiosos, o principal problema que as tecnologias pretendem resolver, que é a comunicação, não está a funcionar e as pessoas vão estar ligadas, mas não conectadas, conexão absoluta, conexão instantânea, conexão sem lugar, uma vez que as pessoas podem estar em tempo totalmente transecto, mas na verdade as pessoas são totalmente ilhas em si mesmas, cada uma a olhar para o seu telemóvel. Assim, o custo social será realmente a principal coisa pela qual estamos a pagar o preço da tecnologia inteligente. Por outro lado, (Fusseru, 2009) argumenta que: "Naturalmente, as interações humanas são tão complexas que seria um disparate acreditar que podem ser totalmente substituídas por redes digitais".

Numa perspetiva mais ampla, verificou-se, com base na análise contextual e nos diferentes exemplos referidos até agora, que as novas tecnologias afectam os aspectos físicos e sociais da cidade, mas até que ponto? Estão a mudar o ser humano ou este está adaptado a elas? A partir daqui, é difícil provar qualquer uma das posições. Por conseguinte, para colocar a investigação numa posição mais informada, foi necessária uma abordagem mais definida para identificar padrões e chegar a uma conclusão de natureza prática. Assim, na discussão que se segue, foi efectuado um estudo de caso da experiência do Estado do Qatar, com especial incidência em Doha, a capital, para revelar o curso dos impactos físicos e sociais da prática real.

4. ESTUDO DE CASO E DEBATE

Tem sido relevante notar que a utilização intensiva das redes digitais e das TIC pode produzir mudanças consideráveis na forma como a cidade é utilizada, bem como na interação social, na distribuição de funções e na configuração espacial. Mas até que ponto esta teoria é válida? Analisando as cidades que têm estado envolvidas nessa transição, verificou-se que a cidade de Doha, no Estado do Qatar, que está a assistir a um grande desenvolvimento em todos os aspectos da cidade, é um caso de estudo interessante não só no Médio Oriente, mas também a nível global. De acordo com os dados estatísticos do Qatar fornecidos pela Autoridade de Estatística do Qatar (Autoridade, 2013), a população do Qatar no ano de 2013 era de 1,912 milhões, com um crescimento populacional de 5,6%. As estatísticas mostram que o número de utilizadores da Internet no Qatar no mesmo ano de 2013 era de 436 000 pessoas, com 412 220 contas no Facebook

(Statistics I. W., 2013). Esta percentagem relativamente baixa pode estar relacionada com o grande sector da força de trabalho no estado.

Uma vez que estes dados não são suficientes para dar uma imagem clara do impacto das TIC na cidade de Doha e nos seus cidadãos. Um inquérito sobre o uso do tempo realizado pelo Ministério do Planeamento do Desenvolvimento e da Estatística foi adotado nesta investigação para apresentar boas conclusões sobre as actividades realizadas pelos indivíduos do Qatar e de outros países (+15 anos) durante o dia (24 horas) de 20 de setembro de 2012 a 19 de setembro de 2013. A amostra do inquérito é constituída por 16574 indivíduos do agregado familiar, divididos em duas amostras; a primeira é constituída por 7453 catarianos e a segunda por 9121 não catarianos. O inquérito monitoriza as diferentes actividades dos indivíduos e a sua duração, incluindo actividades no interior e no exterior, ou seja, actividades geradoras de rendimentos, tempos de estudo e actividades de cuidados pessoais. O inquérito também avalia o tempo gasto pelos indivíduos em actividades recreativas e culturais, como a navegação na Internet (Qatar Statistics, 2013). O Inquérito sobre o Uso do Tempo indicou resultados impressionantes em termos das actividades mais difundidas, do tempo utilizado e da proporção de homens e mulheres envolvidos (Qatar Statistics, 2013). Para o âmbito desta investigação em particular, será feita uma análise das seguintes actividades: viagens/viagens/transporte, tempo em família, utilização da Internet e das comunicações, e compras. Para ver a percentagem de indivíduos envolvidos em actividades e o tempo utilizado para cada atividade.

Quadro 1: Catarianos com mais de 15 anos por actividades generalizadas, tempo utilizado e percentagem de homens e mulheres envolvidos em actividades

Actividades	**Homens**			**Actividades**	**Mulheres**		
	Percentagem de pessoas envolvidas em actividades	Tempo utilizado			Percentagem de pessoas envolvidas em actividades	Tempo utilizado	
		Hora	Minuto			Hora	Minuto
Viagens/ Deslocações/ Transportes	85.62	01	01	**Viagens/ Deslocações/ Transportes**	50.82	00	38
Tempo em família	56.21	01	13	**Tempo em família**	55.85	01	26
Utilização da Internet, comunicações	49.27	01	05	**Utilização da Internet, comunicações**	47.85	01	06
Compras	22.43	00	35	**Compras**	23.76	00	37

A partir dos resultados indicados na tabela acima, pode-se argumentar que, com todo o avanço das tecnologias, as pessoas, homens e mulheres, ainda se dedicam em maior percentagem e por períodos mais longos a passar tempo em família com os seus pais e filhos do que a utilizar a Internet e as tecnologias de comunicação. No que diz respeito às viagens e deslocações na cidade e aos transportes, a investigação revelou que, especialmente para os homens, uma elevada percentagem continua a deslocar-se pela cidade por diferentes razões, o que significa que as pessoas continuam a interagir cara a cara, quer para fins profissionais, quer para reuniões e actividades sociais. As compras também continuam a ocupar um lugar na vida da sociedade, com uma percentagem relativamente baixa em comparação com as outras actividades, mas não foram eliminadas pela utilização das compras em linha. Além disso, os resultados da utilização da Internet e das tecnologias da comunicação mostram que cerca de 50% da população se dedica a esta atividade e durante uma boa hora por dia.

Com base na análise e nas conclusões deste estudo de caso, pode concluir-se que o avanço das TIC não está a eliminar a vida social nem a fazer com que as pessoas se isolem nas suas casas, chegando aos outros apenas através da Internet. Porque, no fim de contas, as pessoas tendem a ser sociais e gostam de ver outras pessoas e de as observar a fazer as suas actividades. Falando de centros comerciais, por exemplo, em Doha, estão cheios de pessoas que vão lá para ver outras pessoas, uma vez que servem a função de espaços públicos nesta cidade e não apenas de compras. As estradas também estão congestionadas durante todo o dia e não apenas nas horas de ponta; as pessoas vão e voltam pela cidade com múltiplos objectivos, mas principalmente para interagir cara a cara.

Por conseguinte, pode surgir outra teoria: as pessoas continuam a viver uma vida normal, fazendo as suas actividades e saindo, mas mesmo quando estão no trabalho ou num café podem estar envolvidas numa conferência telefónica no estrangeiro ou a falar com um amigo noutro país. Assim, a tecnologia deu uma nova dimensão à nossa vida, complementando a nossa experiência e não a eliminando. As pessoas estão a receber as novas tecnologias como uma parte da sua vida, como uma mão estendida ou um novo olho visual. Estão a recebê-las como um todo. Esta teoria não nega as duas teorias anteriormente mencionadas do efeito nulo ou do efeito máximo, apenas dá um ponto de vista equilibrado e racional sobre a forma como a era digital está a ter impacto nas nossas vidas e cidades, com base em dados reais e práticas concretas.

5. CONCLUSÃO E RECOMENDAÇÕES

Onde quer que o avanço da tecnologia chegasse, levar-nos-ia a viver melhor, facilitaria a circulação e permitiria aos seres humanos interagir à distância. No entanto, nem todas as actividades humanas podem ser realizadas através de redes digitais. Assim, por vezes, nunca substituirá a interação cara a cara; pode facilitá-la com os grandes ecrãs, mas continuará sempre a ser para as pessoas que estão próximas. Porque as pessoas gostam de ver as pessoas, e é nisto que consiste a nossa civilização. Por isso, as mudanças induzidas pelas TIC não terão efeitos devastadores nas cidades como a revolução industrial teve, a sua utilização será sempre limitada pela nossa condição humana e pelo facto de não podermos ir além da nossa humanidade. Então, será que estes cientistas informáticos vão acabar por ter uma grande desilusão quando não conseguirem escapar à nossa humanidade? Será que a tecnologia vai acabar por enfrentar as suas limitações? Se assim for, podemos prever como serão as cidades do futuro? E qual é a alternativa? Na verdade, é difícil prever como serão as cidades do futuro, é muito difícil porque as variáveis são muitas (população, sustentabilidade, habitabilidade, tecnologia que está a avançar rapidamente), mas deve haver um papel duplo para as gerações futuras, um papel para as pessoas compreenderem este processo em direção à "vida digital" e adaptarem-se a ele de forma racional. E um papel para os planeadores e académicos começarem a propor novas ideias sobre o que virá depois da era da informação.

6. OBRAS DO FUTURO

De facto, um dos dispositivos mais populares para partilhar a informação seria a "aplicação" no smartphone. Por conseguinte, um estudo mais aprofundado pode incidir sobre (Figura 5);

- Estudo descritivo sobre o índice como aplicação para smartphone
- Formulação de um índice como a aplicação para smartphone
- Desenvolvimento de um quadro para avaliar a correlação das TIC do bairro através de uma aplicação para smartphone.

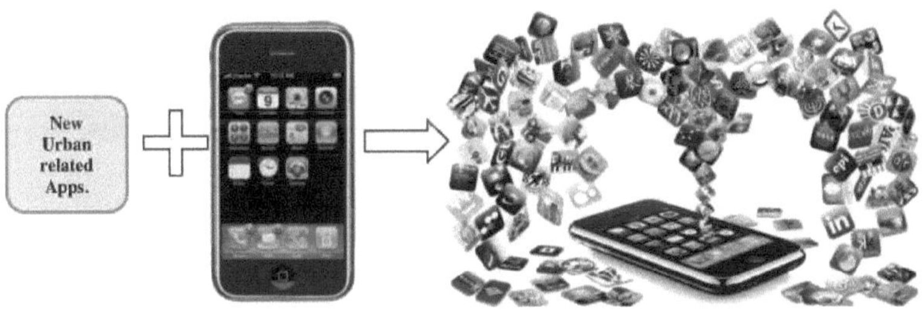

Figura 6: Descrição futura das TIC numa cidade inteligente

REFERÊNCIAS

Fusero, P. (2009). *E-City- Redes digitais e cidades do futuro.* LIST Laboratorio.

Mitchell, W. J. (1999). *E-topia "Urban Life, Jim--But Not As We Know It"*. Cambridge MA: MIT Press.

Crang, M. (2000). Espaço público, espaço urbano e espaço eletrónico: Would the Real City Please Stand Up? *Estudos Urbanos* , 301-317.

Autoridade, I. S. (2013). Recuperado de Economy Watch: http://www.economywatch.com/economic-statistics/Qatar/Population/

Statistics, I. W. (2013). *Número de utilizadores da Internet no Qatar* . Recuperado de Economy Watch:http://www.economywatch.com/economic-statistics/Qatar/Internet_Users/

Aurigi, A., & De Cindio, F. (2008). *Augmented urban spaces: articulating the physical and electronic city.* REINO UNIDO: Ashgate.

Castells, M. (2001-2002). Espaço de Fluxos, Espaço de Lugares: Materiais para uma teoria do urbanismo na era da informação. In R. T.LeGates, & F. Stout, *The City Reader* (Fifth Edition ed., pp. 573-582). Londres e Nova Iorque: Routledge.

Blakely, E. J., & Snyder, G. M. (1997). Divided We Fall: Gated and Walled Communities in the United States. *Princeton Architectural Press* .

Touman, A. H. (2002). *CONDOMÍNIOS FECHADOS: INSTRUMENTO DE CONSTRUÇÃO FÍSICA OU DE DESTRUIÇÃO SOCIAL?* Grenoble2: Université PIERRE MENDES FRANCE.

Levent, T. B., & Gülümser, A. A. (2007). *Gated Communities in Istanbul: The New Walls of the City.* Istambul: EURODIV PAPER.

Landman, K. (2000). GATED COMMUNITIES AND URBAN SUSTAINABILITY: TAKING A CLOSER LOOK AT THE FUTURE . *Strategies for a Sustainable Built Environment (Estratégias para um Ambiente Construído Sustentável)*, (pp. 2-7). Pretória, África do Sul.

Mahgoub, Y., & Khalfani, F. (2012). Sustentabilidade dos condomínios fechados nos países em desenvolvimento. *Estudos de países em desenvolvimento. IISTE* ,53- 63.

Ghonimi, I., El Zamly, H., Khairy, M., & Soilman, M. (2011). A Contribuição dos Condomínios Fechados para o Desenvolvimento Urbano na Região do Grande Cairo, Cidades Novas. *Journal ofAl Azhar university - Engineering Setor.*

Aurigi, A. (2005). *Making the digital city.* EUA: Ashgate Publishing Company.

AJIBOLA, M. O., OLOKE, O. C., & OGUNGBEMI, A. O. (2011). Impactos dos condomínios fechados nos valores dos imóveis residenciais: A Comparison of ONIPETESI Estate and Its Neighbourhoods in IKEJA, Lagos State, Nigeria. *Journal of SustainableDevelopm* , 72-79.

Jacobs, A. B., & Appleyard, D. (2007). Toward an Urban Design Manifesto. Em M. Larice, & E. Macdonald, *The Urban Design Reader* (pp. 98-108). Londres e Nova Iorque: Routledge.

Jacobs, J. (2007). The Uses of Sidewalks (Os usos dos passeios): Contacto. Em M. Larice, & E. Macdonald, *The Urban Design Reader* (pp. 80-92). Londres e Nova Iorque: Routledge.

Urbanisim, C. f. (2007). Carta do Novo Urbanismo. Em M. Larice, & E. Macdonald, *The Urban Design Reader* (pp. 308-311). Londres e Nova Iorque: Routledge.

Lynch, K. (2007). Dimensions of Performance. Em M. Larice, & E. Macdonald, *The Urban Design Reader* (pp. 109-114). Londres e Nova Iorque: Routledge.

Lockerbie, J. (2005). *O velho Qatar 01.* Recuperado de Catnaps:http://catnaps.org/islamic/islaqatold.html

Teipelke, R. (2011). *The 'Gate' in 'GatedCommunities'.* Recuperado de Places: http://blog.inpolis.com/2011/08/26/the-gate-in-gated-communities/

QatarMap. (2012). *Alojamento.* Recuperado de Qatar Map:

http://www.qatarmap.org/compound

Estatística, T. M. (2013). *Inquérito à utilização do tempo.* Doha.

Houghton, K. (2010). *Augmenting public urban spaces: The impact of the digital future on the design of public urban spaces.* Queensland, Austrália: Instituto de Indústrias Criativas e Inovação.

Sociedade Americana de Arquitetura Paisagista. (2009, 12 de setembro). *Cities for Cycling: Creating Bike-Friendly Streets.* Retrieved December 09th, 2012, from The Dirt, Uniting the Built and Natural Environment: http://dirt.asla.org/2009/12/09/cities-for-cycling-creating-safe-urban-bike- infrastructure/

Governo da cidade de Rockville. (n.d.). *Bicycling for Transportation*. Retirado de City of Rockville: http://www.rockvillemd.gov/recreation/bicycling/bike-transportation.htm

Equipa de estudo das bicicletas do Qatar. (2006). *RECOMENDAÇÃO DA REDE DE BICICLETAS DO QATAR*. Doha: Autoridade de Obras Públicas.

Educação em bicicleta. (2011, 27 de maio). Recuperado de Bike Friendly Arlington: http://bikefriendlyarlington.com/2011/05/27/bike-lane-or-bike-route-whats- the-difference/

Litman, T. (10 de dezembro de 2012). *Avaliação dos benefícios e custos do transporte não motorizado*. Victoria, Canadá: Instituto de Política de Transportes de Victoria.

Autoridade de estatísticas. (2011). *SERVIÇOS JUDICIAIS E DE SEGURANÇA*. Doha, Qatar: Autoridade de Estatística.

Sambidge, A. (2009, 20 de março). *O congestionamento de tráfego em Doha é a principal preocupação - inquérito*. Retirado de Arabian Business:

http://www.arabianbusiness.com/doha-traffic-congestion-is-main-concern- survey-64863.html

Roth, M. (2010, 10 de maio). *São Francisco ganha as suas primeiras pistas verdes para bicicletas na Market Street* . Recuperado de SF Streets Blog.org: file:///D:/2012-2013/Townscape/bicycle/case%20study%204.htm

Fischer, T. (2010, 26 de julho). *Benefícios de uma cidade amiga da bicicleta* . Recuperado de Anthropological Observations on economics, politics, and daily life: file:///D:/2012-2013/Townscape/bicycle/benefits-of-bike-friendly-city%20%28case%20study%201%29.html

Chernick, K. (2010, 13 de dezembro). *An Insider's Experience of Exploring Beirut by Bike*. Recuperado de reen Prophet: file:///D:/2012-

2013/Townscape/bicycle/case%20study%20lebanon.htm

Schwartz, A. (2010). *Uma rede de ciclovias elevadas para Londres*. Obtido de Co Exist : file:///D:/2012-

2013/Townscape/bicycle/case%20study%20London.htm

Minora, L. (2010, 23 de julho). *Novas ciclovias em East Village: Bom para os ciclistas, mau para os negócios*. Recuperado de villagevoice.com: file:///D:/2012-2013/Townscape/bicycle/case%20study3.htm

Equipa de estudo das bicicletas do Qatar. (2006). *RECOMENDAÇÃO DA REDE DE BICICLETAS DO QATAR*. Doha: Autoridade de Obras Públicas.

Estaleiros de construção do Qatar. (2011). JTC constrói a primeira ciclovia em Doha. *Sítios de construção do Qatar* , 1.

A Equipa Independente. (2011, 24 de fevereiro). *Programa de partilha de bicicletas é um sucesso surpreendente no Qatar*. Retirado de The Independent: http://www.independent.co.uk/travel/news-and-advice/cycle-share-scheme- proving-surprise-hit-in-qatar-2224147.html

Capítulo 2 Critérios de desenvolvimento de auto-estradas verdes para controlar a poluição causada pelo escoamento das águas pluviais

Muhd Zaimi bin Abd Majid, Yao Bigah, Ali Keyvanfar, Arezou Shafaghat

1. INTRODUÇÃO

Os recursos hídricos são um dos quatro principais recursos naturais históricos (água (superficial e subterrânea), terra (materiais e ecossistemas), energia (sol e vento) e as condições ambientais (ar/atmosfera)), que o surgimento de sistemas de proteção ambiental em todo o mundo há quase duas décadas se esforça por proteger do desenvolvimento das cidades. Vários sistemas de avaliação de edifícios verdes/sustentáveis em todo o mundo têm abordado amplamente questões sobre a proteção dos recursos hídricos (BREEAM, 1995; LEEDS 1999, GBI, 2009).

De acordo com o United Nation Environment Protection - Global Water Monitoring System (UNEP GEMS/water, (UNEP GEMS/Water (2006), a qualidade da água pode ser apreciada de forma diversa, uma vez que não existe uma resposta única à questão "o que é a qualidade da água". A qualidade da água pode ser avaliada em termos de, entre outros, "qualidade para a vida" (por exemplo, a qualidade da água necessária para o consumo humano), "qualidade para a alimentação" (por exemplo, a qualidade da água necessária para sustentar as actividades agrícolas), ou "qualidade para a natureza" (por exemplo, a qualidade da água necessária para sustentar uma fauna e flora prósperas e diversificadas numa região). Este estudo centra-se no controlo da qualidade do escoamento das águas pluviais (SWRQ) através de elementos rodoviários, uma vez que o desenvolvimento das cidades e, em particular, a construção de estradas e vias rápidas afectam a SWRQ.

O desenvolvimento de auto-estradas ecológicas é um novo conceito que surgiu na última década nos países desenvolvidos. Este conceito orienta-se para a construção e implementação de auto-estradas sustentáveis, a fim de minimizar e controlar, em certa medida, o impacto da autoestrada no seu ambiente, social e económico. Bryce (2009) sugeriu que as auto-estradas verdes devem adotar práticas mais sustentáveis e maximizar o tempo de vida da autoestrada do que a tecnologia de construção atual e apresentou um novo conceito de autoestrada verde que inclui cinco áreas-chave, entre as quais a gestão do escoamento das águas pluviais orientada para as bacias hidrográficas. Foram feitas várias tentativas nos países desenvolvidos, principalmente nos EUA, para definir caraterísticas de autoestrada verde de modo a proteger os recursos hídricos naturais (Greenroads, 2010; I-last, 2010; Bryce, 2009; Envision 2009).

O Conselho de Transportes Urbanos da Associação de Transportes do Canadá (2009) define o corredor rodoviário como um conjunto de componentes funcionais em vez de apenas uma infraestrutura dentro do direito de passagem. O corredor rodoviário inclui a faixa de rodagem e os canteiros centrais, o limite do direito de passagem (ROW), as ferragens, o mobiliário e as caraterísticas de segurança da estrada, os serviços e utilidades, e os terrenos adjacentes, que incluem os terrenos adjacentes ao ROW, com uma distância variável entre a perspetiva urbana e a rural. A interconectividade de um conjunto de auto-estradas é referida como sistema ou rede de auto-estradas, que é frequentemente categorizada em segmentos de auto-estradas rurais, interurbanas e urbanas (dicionário online, LLM/GP/T18-10, 2010).

Para além dos edifícios, a construção de estradas e auto-estradas interfere no escoamento das águas pluviais (SWR). Têm dois impactos principais. Geram mais escoamento e poluentes, ao mesmo tempo que contribuem para o aumento das superfícies impermeáveis na bacia hidrográfica e intensificam as actividades. No que se refere ao aumento das superfícies impermeáveis, a Agência de Proteção Ambiental dos Estados Unidos (US EPA, 1995) afirma que as estradas ocupam um terço a dois terços da superfície terrestre da cidade (principalmente superfícies impermeáveis), enquanto o Conselho Nacional de Defesa dos Recursos dos Estados Unidos (US NRDC, 1995) argumenta que quando a cobertura impermeável atinge entre 10 e 20 por cento de uma bacia hidrográfica, o stress ecológico torna-se claramente visível.

Os efeitos resultantes da hidromodificação são o aumento do volume do escoamento superficial, o aumento do pico de caudal e da sua duração, o aumento da temperatura do curso de água, a diminuição do caudal de base e a alteração das cargas de sedimentos (Shueler, 1992). A hidromodificação induz inundações, perda de habitat (ripário), erosão, alargamento do canal e alteração do leito do curso de água (US EPA, 1999; Greenroads, 2010).

De uma zona não urbanizada para uma zona urbanizada com 30 a 50% de superfície impermeável na estrada, a taxa de escoamento pluvial aumenta de uma média de 10% para 30% da precipitação (Envision, 2009).

No que diz respeito à produção de poluentes, as auto-estradas e os corredores rodoviários são identificados como fonte de poluição devido à intensificação das actividades humanas em torno dos recursos hídricos. A questão da poluição das auto-estradas surgiu no final do século XX, quando o Conselho Nacional de Defesa dos Recursos dos EUA (1995) afirma que esta é responsável por mais de 20% da poluição difusa das massas de água (rios, lagos, estuários e baías). Várias fontes no corredor da autoestrada contribuem para a poluição do escoamento superficial. As fontes de poluição são, nomeadamente: despejo de peças de veículos, fugas ou derrames de óleo, gordura e anticongelantes de veículos, escape de veículos, desgaste de pavimentos e pneus, oficinas de reparação de veículos em espaços abertos, acidentes e derrames, lixo de rua e lixo, estaleiros de construção, erosão e sedimentação, jardins domésticos, espaços abertos públicos, animais domésticos e selvagens, descargas de águas residuais, ligação sanitária ilícita a esgotos de águas pluviais, indústria e processos industriais, actividades comerciais (US NRDC, 2005).

O Departamento de Saúde e Ambiente do Kansas (1997) enumerou exaustivamente os indicadores de poluição da água como amoníaco, SST, bactérias, CBO, clorofila a, DO, sólidos dissolvidos, metais pesados, minerais, nitratos, pesticidas, pH, fósforo, temperatura e turvação. Barrett et al. (1995a) e o Departamento de Transportes do Estado de Washington (WSDOT, 2007) identificam constituintes como sólidos em suspensão, nutrientes, metais pesados, compostos orgânicos, produtos petrolíferos e bactérias como componentes típicos do escoamento em auto-estradas. Esses poluentes das auto-estradas pertencem a três categorias, ou seja, poluentes orgânicos, inorgânicos e microbianos, e influenciam a qualidade do escoamento de forma variada.

A degradação dos poluentes orgânicos (gramíneas, óleos e gorduras, nutrientes) nas escorrências das auto-estradas esgota a quantidade de oxigénio na massa de água; a carência bioquímica de oxigénio (CBO) e a carência química de oxigénio (CQO) são os indicadores mais comuns calculados para a monitorização e o controlo da poluição das auto-estradas (US EPA, 1983; Pitt et al., 1993). Poluentes inorgânicos (metais pesados mais comuns: Zinco (Zn), Chumbo (Pb), Cobre (Cu), Crómio (Cr), Cádmio (Cd), Níquel (Ni) e o grupo de nutrientes (herbicidas, pesticidas)) são tóxicos em concentrações elevadas e tendem a acumular-se nos tecidos da flora e fauna aquáticas (Pitt et al. 1993; Lee e Lee, 1993). As bactérias coliformes são os poluentes microbianos comuns encontrados nas escorrências pluviais. São de grande interesse devido ao seu fácil acesso ao escoamento, quer através de fontes antropogénicas, quer através de ligações ilícitas ao sistema de esgotos de águas pluviais. As doenças transmitidas pela água com origem na poluição de fontes não pontuais (NPS) são alegadamente mais prejudiciais do que os problemas de sedimentação nos países em desenvolvimento (Field et al., 1993; Wanielista e Yousef, 1993).

2. DECLARAÇÃO DO PROBLEMA

De acordo com dados oficiais da Malaysia Highway Authority (MHA), em malaio Lembaga Lebuhraya Malaysia (LLM), a rede de auto-estradas da Malásia é considerada a melhor rede de auto-estradas do Sudeste Asiático e também da Ásia, a seguir ao Japão e à China. Existem vinte e sete auto-estradas no país, com uma extensão total de 1 630 quilómetros, estando ainda em construção mais 219,3 quilómetros.

Historicamente, a população mundial tende a estabelecer-se em torno dos recursos hídricos naturais e a Malásia não é exceção. Atualmente, a Malásia é um país em rápido crescimento, com um aumento significativo da população. Consequentemente, têm-se observado mais cidades com maior número de habitantes e actividades intensas em torno das bacias hidrográficas, poluindo a qualidade natural da água, o que prejudica as plantas e os organismos vivos, bem como a saúde das pessoas e a economia do país, uma vez que, infelizmente, a mesma água é necessária para consumo (Bao K. L. J., 2010).

A poluição de origem não pontual, nomeadamente o escoamento das águas pluviais nas auto-estradas, contribui para a poluição das águas de superfície. A qualidade do escoamento das águas pluviais, que afasta os poluentes das superfícies impermeáveis, é um dos factores de poluição identificados numa bacia hidrográfica. De facto, as escorrências das estradas carregadas de poluentes provenientes das actividades humanas não recebem qualquer tratamento e são descarregadas nas massas de água de superfície (rios, lagos e baías) através do sistema de esgotos das águas pluviais.

Além disso, para além do lixo das actividades humanas, a poluição das águas superficiais numa bacia hidrográfica é substancialmente influenciada pelo fenómeno da erosão e da sedimentação na Malásia. De facto, o índice de sólidos suspensos totais (TSS) utilizado para medir a carga de sedimentos numa massa de água foi reforçado como resultado de vários anos de monitorização da qualidade da água em muitos dos rios peninsulares da Malásia (Water Resources Publication (JPS), 2009).

3. GESTÃO DAS ÁGUAS PLUVIAIS POR BACIAS HIDROGRÁFICAS NUMA AUTO-ESTRADA SUSTENTÁVEL

3.1. Conceito de autoestrada sustentável

A definição de desenvolvimento sustentável mais citada é a do "Relatório Brundtland" (1987) da Comissão Mundial sobre o Ambiente e o Desenvolvimento; o relatório define o desenvolvimento sustentável como "um desenvolvimento que satisfaz as necessidades das gerações actuais sem comprometer a capacidade das gerações futuras de satisfazerem as suas próprias necessidades". O conceito de autoestrada sustentável assenta no conceito de desenvolvimento sustentável e é apoiado pelo princípio do "triple bottom line" da sustentabilidade. A Autoridade Rodoviária Federal dos Estados Unidos (US FHWA, 2005) afirma que a autoestrada sustentável deve ser considerada como uma parte do sistema de infra-estruturas de transportes e cumpre os requisitos funcionais do ciclo de vida do desenvolvimento social e do crescimento económico, reduzindo simultaneamente os efeitos negativos no ambiente e o consumo de recursos naturais.

A Green Highways Partnership (GHP, 2009) centra-se em três áreas fundamentais para desenvolver um quadro de avaliação de auto-estradas verdes, a fim de avaliar o desempenho das auto-estradas; as três áreas são: Gestão de águas pluviais em bacias hidrográficas, reciclagem e reutilização, e conservação e proteção dos ecossistemas. (The Green Highways Partnership, Global Environment and Technology Foundation, 2007). Bryce (2009) argumenta que os benefícios para a sociedade e o consumo de energia ao longo do ciclo de vida da autoestrada devem ser devidamente considerados e apresenta um novo conceito de Autoestrada Verde que inclui cinco áreas-chave: a utilização de materiais reciclados, a gestão do ecossistema, a redução de energia, o aumento da qualidade da água do escoamento das águas pluviais e a maximização dos benefícios globais para a sociedade. A Figura 1 mostra o modelo proposto por Bryce para o conceito de Autoestrada Verde.

Figura 1: As cinco áreas-chave da autoestrada verde (Fonte: Bryce, 2009)

A autoestrada sustentável diz respeito às cinco áreas-chave acima mencionadas. No entanto, este documento centra-se no aspeto da bacia hidrográfica, em particular na questão da gestão da qualidade do escoamento das águas pluviais. Antes de explorar o quadro de avaliação das auto-estradas verdes existentes e as suas disposições que visam a proteção dos recursos hídricos, vale a pena explorar o efeito das auto-estradas na bacia hidrográfica.

3.2. Efeitos da autoestrada na bacia hidrográfica

A construção de auto-estradas tem dois efeitos principais nos recursos hídricos: o aumento das áreas impermeáveis totais que conduzem ao aumento do escoamento superficial (hidromodificação) e a geração de vários poluentes potencialmente capazes de poluir as massas de água naturais (US EPA, 1995).

a. Hidromodificação

O desenvolvimento provoca uma alteração do fluxo natural de escoamento num local, aumenta a quantidade de superfície impermeável, reduz a quantidade de águas pluviais que se infiltram no solo, diminui a quantidade absorvida e expirada pelas plantas (evapotranspiração) e aumenta a quantidade de escoamento superficial (Envision, 2009). A rede rodoviária pode alterar radicalmente o ciclo da água e modificar completamente o carácter físico e químico das massas de água receptoras (US NRDC, 2009). A rede de infra-estruturas rodoviárias ocupa 30% a 60% da área da cidade (EPA, 1995); toda esta área é impermeável. O NRDC argumenta que quando a cobertura impermeável atinge entre 10 e 20% da bacia hidrográfica, o stress ecológico torna-se claramente evidente. O Quadro 1 apresenta aproximadamente a extensão do escoamento de águas pluviais associado a diferentes níveis de superfície impermeável num local.

Quadro 1: Aumento do escoamento devido ao aumento das superfícies impermeáveis

(Envision, 2009)

Superfícies impermeáveis (percentagem do sítio total)	% de águas pluviais que escoam
0 (Sítio não urbanizado)	10%
10-20	20%
35-50	30%
75-100 (UrbanArea)	55%

A Figura 2 mostra a repartição dos componentes do ciclo da água numa área de campo verde em comparação com uma área urbanizada. Destaca o aumento da taxa de escoamento superficial (aproximadamente 30% em vez de 1% para a área rural) à custa da taxa de evapotranspiração. A extensão da mudança no escoamento superficial como resultado do desenvolvimento é mostrada na Figura 3, que contrasta o padrão hidrológico pós-desenvolvimento com o pré-desenvolvimento. Os impactos resultantes do aumento das camadas impermeáveis são apresentados na Tabela 2.

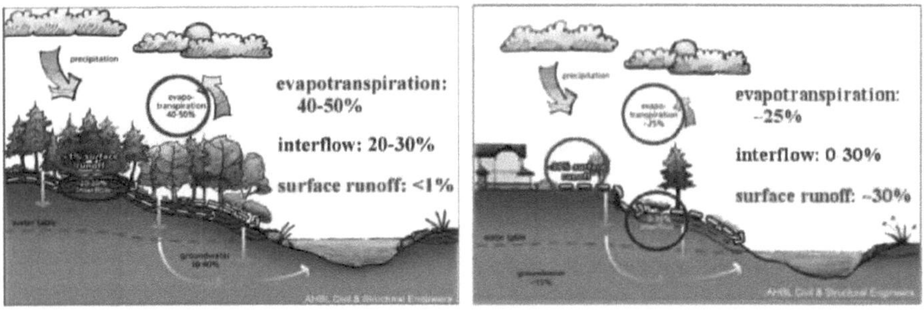

Figura 2: Esquerda: Regime Hidrológico Natural (PSAT LID Manual, 2005), Direita: Regime Hidrológico Urbanizado (PSAT LID Manual, 2005)

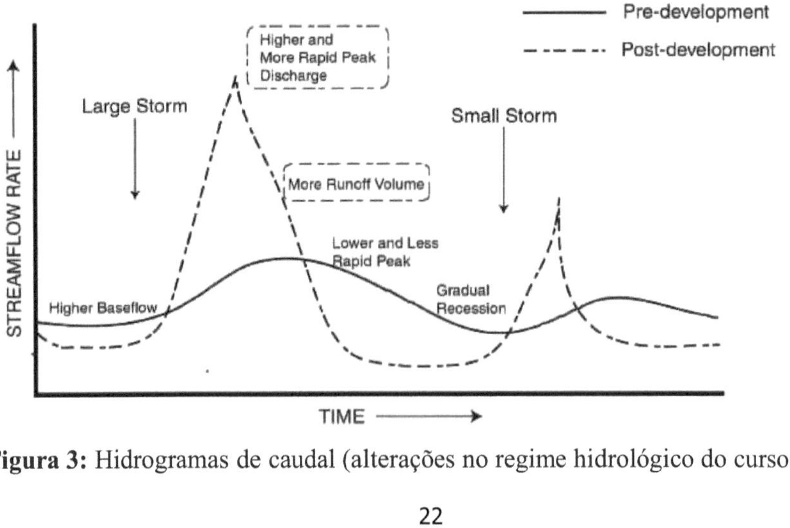

Figura 3: Hidrogramas de caudal (alterações no regime hidrológico do curso de água

em resultado da urbanização) (Shueler, 1992)

Quadro 2: Impacto do aumento das superfícies impermeáveis (retirado de: Study of Hydrologic Impacts, EPA 841-R-97-009.1997)

	Resulting Impacts				
Increased Impervious Leads	Flooding	Habitat Loss (loss of riparian, etc)	Erosion	Channel Widening	Streambed Alteration
Increased Volume	√	√	√	√	√
Increased Peak Flow	√	√	√	√	√
Increased Peak Flow Duration	√	√	√	√	√
Increased Stream Temperature	0	√	0	0	0
Decreased Base Flow	0	√	0	0	0
Change in Sediment Loadings	√	√	√	√	√

√ means there is effect
0 means no effect

b. Aumento das cargas poluentes

A urbanização pode, em última análise, resultar numa diminuição das taxas de erosão superficial local quando grandes áreas são cobertas por superfícies impermeáveis, tais como estradas e parques de estacionamento (Wolman, 1967). No entanto, a urbanização pode também aumentar indiretamente a erosão dos canais e a sedimentação a jusante, aumentando a frequência e o volume dos fluxos pluviais que alteram os canais (Leopold, 1968; Hammer, 1972). Outros poluentes, tais como óleos, gorduras e produtos químicos tóxicos provenientes dos automóveis; nutrientes e pesticidas provenientes da gestão dos relvados e da jardinagem; vírus e bactérias provenientes de sistemas sépticos deficientes ou ilegais; e metais pesados são exemplos de poluentes gerados nas zonas urbanas.

3.3. Poluentes no escoamento das estradas

O Kansas Department of Health and Environment (1997) enumerou exaustivamente os indicadores de poluição da água como amoníaco, TSS, bactérias, CBO, clorofila a, DO, sólidos dissolvidos, metais pesados, minerais, nitratos, pesticidas, pH, fósforo, temperatura e turvação. Barrett et al. (1995a) e WSDOT (2007) identificam constituintes como sólidos em suspensão, carência de oxigénio, nutrientes, metais pesados, compostos orgânicos, produtos petrolíferos e bactérias como componentes típicos do escoamento rodoviário. Devido aos seus efeitos adversos no biota aquático, os parâmetros sedimentos e metais são os mais frequentemente monitorizados (Portele 1981; Yonge 2002); por conseguinte, os sólidos suspensos totais (SST) são sempre monitorizados nas escorrências das auto-estradas (WSDOT, 2007).

3.3.1. Sólidos suspensos

Os sólidos suspensos totais (SST) são partículas na água maiores do que 0,45 µm. De acordo com o WSDOT (2007), muitos outros poluentes, como metais pesados, nutrientes, compostos inorgânicos e bactérias, que não são bons para o habitat aquático e para a vida, podem estar ligados aos sólidos suspensos (WSDOT, 2007). Os sólidos em suspensão elevados também impedem a penetração da luz solar na água.

O WSDOT (2007) estabeleceu que os factores que mais influenciam a concentração de SST no escoamento são o tipo de utilização do solo (maior concentração na zona urbana). Também é referido que as chuvas de maior intensidade têm maior energia para transportar sólidos em suspensão (WSDOT, 2007). Juntamente com estes dois factores, o evento de lixagem da estrada constitui a condição mais favorável para uma geração máxima de sólidos em suspensão que pode atingir mais de 900mg/L (WSDOT, 2007).

Por outro lado, os sólidos totais dissolvidos (TDS) são minerais dissolvidos que não podem ser removidos por filtração convencional. São produtos químicos orgânicos, tais como combustíveis, detergentes, tintas, solventes, etc., que conferem sabores, odores e cores desagradáveis e ofensivos aos peixes e às plantas aquáticas, mesmo quando estão presentes em baixas concentrações (Avvannavar e Shrihari, 2007).

3.3.2. Metais pesados

Encontram-se habitualmente dois tipos de metais nas escorrências das auto-estradas: os metais dissolvidos: cobre, zinco, chumbo, que podem ultrapassar a concentração crónica e aguda na borda do pavimento da autoestrada; e os metais em suspensão, como o manganês, o arsénio, o cádmio, o níquel, o crómio, o chumbo, etc. (WSDOT, 2007). A carga total de metais poluentes no escoamento da autoestrada é o agregado destes dois tipos.

A maior parte dos metais pesados encontrados nas escorrências das auto-estradas provém principalmente de peças deterioradas de automóveis e camiões, de vários óleos, dos gases de escape dos veículos e da utilização de massas lubrificantes e anticongelantes, que são indevidamente eliminados por fugas ou derrames em áreas impermeáveis (US EPA, 1995). Os metais pesados também provêm de algumas fontes "naturais", como os minerais presentes nas rochas, na vegetação, na areia e no sal. Também provêm de pneus e peças de motor desgastados, calços de travões, tinta desgastada e ferrugem (US EPA, 1995). A MASMA reconhece metais como o cobre, o chumbo e o zinco como metais padrão presentes nas escorrências das auto-estradas urbanas na Malásia.

Os metais pesados são tóxicos para a vida aquática e podem potencialmente contaminar as águas subterrâneas. Concentrações elevadas de metais vestigiais podem ter consequências negativas tanto para a vida selvagem como para os seres humanos (Carr e Neary, 2006). O WSDOT (2007) reconhece que existe uma forte correlação entre a SS e os metais. O tipo de utilização dos terrenos circundantes tem impacto na concentração de metais nas escorrências das auto-estradas, com maior propensão nas zonas industriais, onde as deposições atmosféricas são mais elevadas (WSDOT, 2007).

3.3.3. Nutrientes

O nitrato, o azoto e o fósforo são os principais nutrientes que podem ser encontrados nas escorrências das auto-estradas. A US EPA (1995) refere que quando os fertilizantes, pesticidas e herbicidas são aplicados de forma excessiva ou incorrecta, podem ser transportados pelas águas pluviais a partir das partes verdes dos direitos de passagem públicos. As ligações sanitárias ilícitas também adicionam nutrientes como o azoto e o fósforo às águas pluviais e as fugas nas linhas de esgotos sanitários localizadas perto das linhas de esgotos pluviais podem colocar os mesmos problemas que as ligações ilícitas (U SEPA, 1995).

Os nitratos podem ser prejudiciais para os seres humanos, porque os nossos intestinos podem decompor os nitratos em nitritos, que afectam a capacidade dos glóbulos vermelhos de transportar oxigénio. Os nitritos também podem causar doenças graves nos peixes (Davis e McCuen, 2005). O fósforo é importante para todos os organismos vivos. No entanto, o excesso de fósforo provoca a proliferação de algas, que são prejudiciais para a maioria dos organismos aquáticos. Podem causar uma diminuição dos níveis de oxigénio na água e, nalguns casos, um aumento da temperatura. Isto pode resultar numa mortandade de peixes e na morte de muitos organismos (Said et al., 2004).

O fator que mais influencia a concentração de nutrientes no escoamento em auto-estradas é a utilização do solo, uma vez que as suas principais fontes são as aplicações atmosféricas e de fertilizantes (WSDOT, 2007). Estudos demonstraram que o VDS, o ADT entre tempestades e o período seco anterior podem ser preditores consistentes da concentração de nutrientes no escoamento em auto-estradas. No entanto, a falta de dados não permite prever com exatidão o momento em que é provável que ocorra a concentração máxima (WSDOT, 2007).

3.3.4. Óleos e gorduras

O óleo na água pode apresentar-se sob quatro formas básicas: óleo livre, óleo emulsionado mecanicamente (gotículas de óleo de 10-20 microns), óleo emulsionado quimicamente (partículas de óleo <1 micron) e óleo dissolvido (ausência de partículas de óleo). São provenientes de derrames de veículos e camiões, de lixiviados do tráfego e das oficinas mecânicas circundantes.

3.3.5. Agentes patogénicos

Os coliformes fecais são bactérias cuja presença indica que a água pode ter sido contaminada com material fecal humano ou animal. As massas de água que contêm coliformes fecais (organismos patogénicos) não são recomendadas para a natação e outras actividades recreativas de contacto (Said et al., 2004). As ligações sanitárias ilícitas a esgotos pluviais de casas e empresas são fonte de elevados níveis de agentes patogénicos, que são vírus, bactérias e protozoários no escoamento pluvial (US EPA, 1995). O coliforme fecal é recomendado pela MASMA como poluente padrão das escorrências das auto-estradas na Malásia.

Alguns microrganismos são uma causa importante da corrosão dos tubos de aço. A água destinada a ser bebida que contenha microrganismos pode causar defeitos sensoriais a nível do odor, da cor e do sabor. Vários problemas de saúde relacionados com águas contaminadas são a diarreia, as cólicas abdominais e os vómitos devidos à salmonela, a cólera devida à vibrocólera e a infeção dos pulmões devida à micobactéria (Avvannavar e Shrihari, 2007).

3.3.6. Parâmetros de carência de oxigénio

O oxigénio dissolvido (OD) é uma medida da quantidade de oxigénio livremente disponível na água. Quanto mais fria a água, mais oxigénio pode conter (Said et al., 2004). O oxigénio dissolvido (OD), a carência bioquímica de oxigénio (CBO) e a carência química de oxigénio (CQO) servem para medir as necessidades de oxigénio na massa de água para determinar a qualidade da água. O teste de CBO dá uma ideia aproximada da quantidade de resíduos biodegradáveis presentes na água, enquanto o teste de CQO é normalmente utilizado para medir a quantidade de compostos orgânicos e inorgânicos oxidáveis na água (WSDE, 2002).

3.3.7. Parâmetros convencionais

A temperatura e a turvação são as principais preocupações da qualidade da água. A temperatura da água é uma medida do teor de calor da massa de água que influencia a taxa de crescimento e a capacidade de sobrevivência da vida aquática. Diferentes espécies de peixes têm diferentes necessidades de uma temperatura óptima e toleram temperaturas extremas (Davis e McCuen, 2005). Muitas das caraterísticas físicas, biológicas e químicas de um rio são diretamente afectadas pela temperatura. A maior parte da vida animal e vegetal aquática sobrevive dentro de uma certa gama de temperaturas da água, e poucas delas podem tolerar mudanças extremas de temperatura (WSDE, 2002).

A turvação indica a quantidade de partículas finas em suspensão na água. Concentrações elevadas de partículas podem danificar os habitats dos peixes e de outros organismos aquáticos (Said et al., 2004). A turvação é mais preocupante do ponto de vista estético. Uma água muito turva reduz o tempo de funcionamento do filtro. Muitos organismos patogénicos podem estar envoltos nas partículas e protegidos do desinfetante (Avvannavar e Shrihari, 2007).

3.3.8. Erosão e sedimentação

Os sedimentos são compostos por areia, silte e argila. A sedimentação contribui para o aumento da turvação (fraca penetração da luz) nas massas de água a jusante (receptoras). Isto reduz a fotossíntese do fitoplâncton e das plantas aquáticas, e pode contribuir para condições anóxicas (baixo oxigénio) que são prejudiciais para os organismos aquáticos (US EPA, 1995).

Além disso, as partículas de sedimentos transportam facilmente poluentes como metais e agentes patogénicos. Novotny e Olem (1994) afirmam que os metais pesados e os nutrientes podem formar complexos com os minerais de argila nos sedimentos finos, contribuindo para a eutrofização do lago e para a toxicidade dos organismos aquáticos que vivem ou se alimentam dos sedimentos de fundo. Estes poluentes degradam a qualidade da água e podem prejudicar a vida aquática, interferindo com a fotossíntese, a respiração, o crescimento e a reprodução.

As fontes de sedimentos provenientes de estradas incluem o lixamento de estradas e areas onde o solo foi exposto durante a construção. Erin e Derek (2002), ao avaliarem a influência das práticas de utilização do solo, mostraram que a atividade humana na bacia hidrográfica, especialmente o desenvolvimento urbano, é o fator que mais contribui para a produção de sedimentos, que provêm principalmente de três fontes, nomeadamente, por ordem de importância, os deslizamentos de terras, a erosão das margens dos canais e a erosão da superfície das estradas. Em conformidade, Erin e Derek (2002) demonstram que o processo-chave na produção de sedimentos no decurso da urbanização é o aumento da erosão dos canais. A USEPA (1995) refere que as actividades de construção são a maior fonte direta de cargas de sedimentos de origem humana que transformam os sedimentos num problema de qualidade da água. A Tabela 2 resume os principais contaminantes no escoamento de águas pluviais, enquanto a Tabela 3 detalha as suas fontes primárias.

Tabela 2: Categorias dos principais contaminantes nas águas pluviais (US NRDC, 1999; WSDOT, 2007)

Categoria	**Exemplos**
Sedimentos	areia, terra e silte
Metais	Zinco, Cádmio, Cobre, Crómio, Arsénio, Chumbo
Produto químico orgânico	pesticidas, óleo, gasolina, gordura
Agentes patogénicos	Vírus, bactérias, protozoários
Nutrientes	Azoto, fósforo
Carência bioquímica de oxigénio (CBO)	aparas de relva, folhas caídas, hidrocarbonetos, resíduos humanos e animais
Convencional Parâmetros	pH, Turbidez, Condutividade Dureza

Quadro 3: Fontes primárias de poluentes do escoamento rodoviário

Componentes	**Fontes primárias**
Partículas	Desgaste do pavimento, veículo, atmosfera, manutenção
Azoto, fósforo	Atmosfera, aplicação de fertilizantes à beira da estrada
Chumbo	Gasolina com chumbo (escape automóvel), desgaste dos pneus (material de enchimento com óxido de chumbo, óleo lubrificante e massa lubrificante, desgaste dos rolamentos)
Zinco	desgaste de pneus (material de enchimento), óleo de motor (aditivo estabilizador), massa lubrificante
Ferro	Ferrugem de carroçarias de automóveis, estruturas de aço de auto-estradas (barreiras de proteção, pontes, etc.), peças móveis de motores
Cobre	Revestimento de metais, desgaste de rolamentos e escovas, peças móveis de motores, desgaste de guarnições de travões, fungicidas e

	insecticidas
Cádmio	Desgaste dos pneus (material de enchimento), aplicação de inseticida
Crómio	Revestimento de metais, peças móveis de motores, desgaste de guarnições de travões
Níquel	Gasóleo e gasolina (gases de escape), óleo lubrificante, revestimento de metais, desgaste de casquilhos, desgaste de revestimentos de rutura, pavimentação de asfalto
Manganês	Peças móveis do motor
Sulfato	Camadas de estrada, combustível
Petróleo	Derrames, fugas ou derrames de lubrificantes para motores, anticongelantes e fluidos hidráulicos , lixiviados de superfícies de asfalto

4. MÉTODOS E MATERIAIS

A discussão com peritos malaios em auto-estradas, gestão de recursos hídricos e práticas de desenvolvimento sustentável foi organizada após a apresentação da estrutura hipotética do que poderia ser o instrumento de recolha de dados primários. A discussão com os peritos permitiu-nos avaliar a qualidade técnica do quadro teórico do estudo, ou seja, a sua relevância, a exatidão da descrição e a coerência com o ambiente da Malásia. A recolha de dados é uma das fases mais valiosas da realização de um trabalho de investigação. Tem o potencial de gerar, através de outros processos (análise e interpretação), o resultado final do projeto. É composta por dados primários e secundários:

- Recolha de dados primários: Utilizando os resultados da primeira discussão de peritos, foram recolhidos dados primários junto de inquiridos em toda a Malásia. Foram visitadas várias instituições, agências governamentais, empresas de construção e concessões de auto-estradas para recolher dados dos profissionais. Os dados recolhidos serviram como meio de análise da informação recolhida.

- Recolha de dados secundários: A recolha de dados secundários é a fase inicial de um projeto de investigação. É feita através da consulta de trabalhos de investigação anteriores de várias fontes (livros, revistas, teses e recursos electrónicos) sobre o tema em investigação para uma melhor compreensão da questão. Também conta com a discussão com peritos, profissionais experientes, professores e colegas no domínio da investigação.

De seguida, os dados recolhidos foram analisados para discussão e conclusões. Os dados foram analisados com recurso ao software estatístico SPSS e Excel. Foram introduzidos e analisados em pormenor. Foram utilizados vários parâmetros estatísticos para a análise; são eles a média, a frequência, a percentagem e assim por diante. Os dados quantitativos foram depois apresentados sob a forma de tabelas, quadros, gráficos e diagramas, a fim de extrair conclusões e interpretações.

5. ANÁLISE E RESULTADOS

5.1. Análise dos critérios de controlo da qualidade do escoamento das águas pluviais em projectos de auto-estradas verdes

A Tabela 8 resume os resultados estatísticos relativos à descrição técnica dos subcritérios, enquanto a Tabela 9 representa, por ordem de importância, esses subcritérios de acordo com o seu valor médio de índice. O resultado da sua média é representado no gráfico de barras 4.7.

Quadro 8: Análise do índice médio dos subcritérios

Não.	Descrição dos subcritérios	N		Média	Desvio Std. Desvio	Min.	Máximo.
		Válido	Dados incorrectos				
1	Detetar e eliminar quaisquer descargas de águas não pluviais provenientes de fontes sanitárias não autorizadas ou de outras fontes residenciais, comerciais ou industriais	140	0	3.69	.662	3	5
2	Detetar águas não pluviais descargas de fontes sanitárias não autorizadas ou de outras fontes residenciais, comerciais ou industriais	140	0	3.60	.763	1	5
3	Assegurar o tratamento completo das águas residuais (praça de portagem, zonas R&S, paisagem da estrada) em conformidade com as autoridades locais	140	0	3.83	.684	3	5
4	Demonstrar, através da utilização de modelos, a redução das cargas poluentes para os recursos hídricos adjacentes mediante a utilização de melhores práticas de gestão	140	0	3.71	.640	2	5
5	Instrumentação para monitorizar e analisar os poluentes no escoamento e nas massas de água	140	0	3.83	.755	2	5
6	Utilização de melhores práticas de gestão LID - valas húmidas ou secas, filtros de areia, biorretenção	140	0	3.77	.710	2	5
7	O projeto inclui práticas sólidas de controlo da erosão e dos sedimentos para proteger os solos altamente erodíveis, disposições especiais para o controlo da erosão do solo na travessia de ribeiros	140	0	3.58	.670	2	5
8	Proteção contra a entrada de materiais na via navegável aquando	140	0	3.58	.709	2	5

	da demolição e construção de pontes						
9	Recuperação de zonas húmidas, reduzir o total de áreas de corte e aterro perturbadas fora da faixa de rodagem para o nível mínimo	140	0	3.65	.714	2	5
1 0	Criar uma zona tampão (Jabatan Perhutanan & Perhilitan, DOE)	140	0	3.73	.674	3	5

Quadro 9: Sub-CritériosÍndice médio

Não.	Subcritérios	Pontuação
1	Instrumentação para monitorizar e analisar os poluentes no escoamento e nas massas de água	3.83
2	Assegurar o tratamento completo das águas residuais (praça de portagem, zonas R&S, paisagem da estrada) em conformidade com as autoridades locais	3.83
3	Utilização de melhores práticas de gestão de LID - valas húmidas ou secas, filtros de areia, bio retenção e outras BMP estruturais para tratar 90 por cento da precipitação anual	3.77
4	Prever e preservar as zonas-tampão existentes (Jabatan Perhutanan & Perhilitan, DOE)	3.73
5	Demonstrar, através da utilização de modelos, a redução das cargas poluentes para recursos hídricos adjacentes mediante a utilização de melhores práticas de gestão	3.71
6	Detetar e eliminar quaisquer descargas de águas não pluviais provenientes de fontes sanitárias não autorizadas ou de outras fontes residenciais, comerciais ou industriais	3.69
7	Recuperação de zonas húmidas, reduzir o total de áreas de corte e aterro perturbadas fora da faixa de rodagem para o nível mínimo	3.65
8	Detetar descargas de águas não pluviais provenientes de fontes sanitárias não autorizadas ou de outras fontes residenciais, comerciais ou industriais	3.60 .
9	A conceção inclui práticas sólidas de controlo da erosão e dos sedimentos para proteger os solos altamente erodíveis, disposições especiais para o controlo da erosão do solo na travessia de ribeiros	3.58
1 0	Proteção contra a entrada de materiais na via navegável aquando da demolição e construção de pontes	3.58

A Figura 4 mostra o nível de concordância fornecido pelos inquiridos. A linha vertical vermelha representa o nível mínimo de pontuação para que os subcritérios sejam aceites, ou seja, 3,5. O resultado mostra que os inquiridos concordam com todos os dez subcritérios como requisitos para as caraterísticas das auto-estradas verdes. Os subcritérios mais significativos são a instrumentação para monitorizar e analisar os poluentes no escoamento e nas massas de água, e garantir que todas as águas residuais (praça de portagem, áreas de descanso e de serviço, etc.) cumprem os requisitos regulamentares, que obtiveram a mesma média de 3,833. A utilização de melhores práticas de gestão de LID, valas húmidas ou secas, filtros de areia, bio retenção e outras BMP estruturais para tratar 90 por cento da precipitação anual, fornecer e preservar as zonas tampão existentes (Jabatan Perhutanan & Perhilitan, DOE) e demonstrar, através da utilização de modelos, a redução das cargas poluentes para as massas de água adjacentes através da utilização de BMP, foram os critérios mais significativos, com uma pontuação de 3,77, 3,73 e 3,71, respetivamente. A pontuação mais baixa, 3,58, é obtida pelos critérios menos significativos, nomeadamente A conceção inclui práticas sólidas de controlo da erosão e dos sedimentos para proteger os solos altamente erodíveis, disposições especiais para o controlo da erosão do solo na travessia de cursos de água e proteção contra a entrada de materiais na via navegável aquando da demolição e construção de pontes.

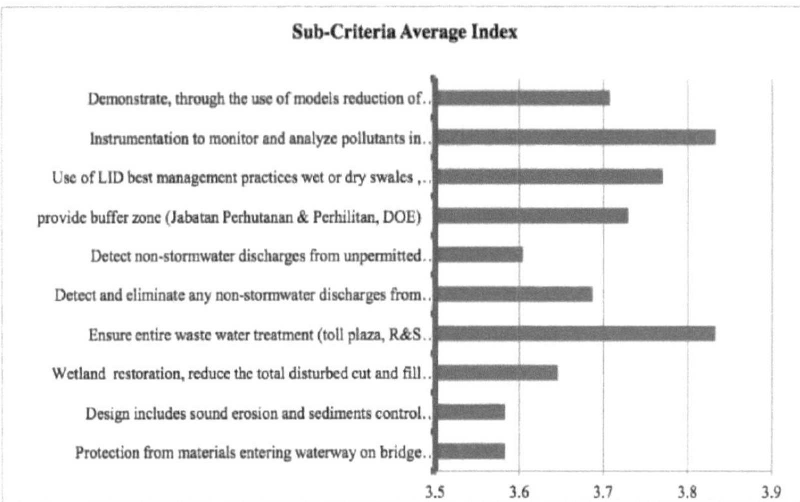

Figura 4: Análise do índice médio dos subcritérios de controlo da qualidade do escoamento das águas pluviais

6.2. Análise do índice médio dos critérios de controlo da qualidade do escoamento das águas pluviais

Os subcritérios estão agrupados em três critérios principais, que são apresentados na Figura 5 A instrumentação e a monitorização das escorrências nas auto-estradas, o tratamento das escorrências pluviais e as práticas de redução da poluição representam os três grupos de critérios sob os quais se inserem os subcritérios. Estes critérios têm uma pontuação média de 3,77, 3,75 e 3,66, respetivamente. Cada um dos três critérios tem um índice médio superior a 3,5, o que significa que são aceites como critérios de autoestrada verde. Além disso, os critérios de instrumentação e monitorização e de tratamento do escoamento das águas pluviais são mais significativos, uma vez que apresentam um índice médio do mesmo intervalo, superior ao do critério das práticas de redução da poluição. De facto, os constituintes e as cargas das escorrências nas auto-estradas são ainda pouco explorados para uma melhor compreensão de todo o espetro de poluentes e dos factores que os afectam. A monitorização da SWRQ é a única forma de obter esse conhecimento.

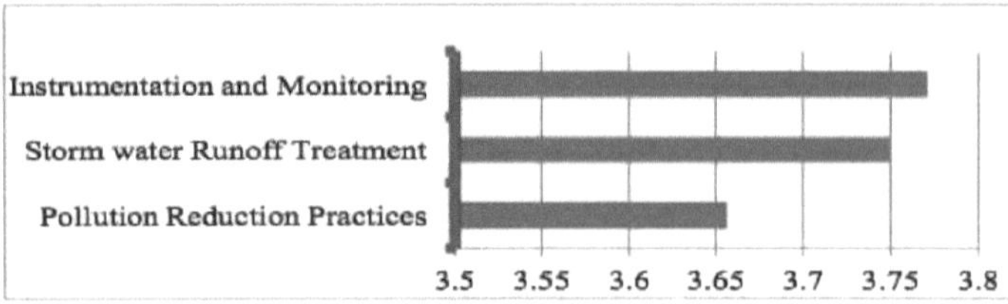

Figura 5: Análise do índice médio dos critérios de controlo da qualidade do escoamento das águas pluviais

6.3. Ponderação dos critérios e subcritérios de controlo da qualidade do escoamento das águas pluviais

A implementação de auto-estradas verdes diz respeito a várias áreas, entre as quais a proteção da água e do ambiente. Os critérios relativos ao controlo da qualidade das escorrências de águas pluviais inserem-se na secção principal da proteção da água e do ambiente. A ponderação da importância dos critérios relativos ao controlo da poluição das escorrências é avaliada em conjunto com outras subsecções da água e do ambiente. Essas subsecções são o sistema de gestão ambiental, o controlo da quantidade de escoamento superficial e o ecossistema e restauração. Assim, no total, são analisados 30 subcritérios, dos quais se obtém o peso de cada subcritério.

6.3.1. KMO e teste de Bartlett

O resultado do KMO e do Teste de Bartlett, que testam a adequação da amostra, é apresentado na Tabela 10. O KMO varia de 0 a 1, sendo que valores mais elevados indicam maior adequação e valores superiores a 0,7 são muito melhores. O KMO para estes dados é de 0,8 e o teste de Bartlett é significativo [$\chi2$ (435) = 3478,800, p<0,001], pelo que mostra que a análise fatorial é adequada para este conjunto de dados.

Quadro 10: KMO e teste de Bartlett

KMO e teste de Bartlett		
Medida de adequação da amostragem de Kaiser-Meyer-Olkin		.85
Teste de esfericidade de Bartlett	Aprox. Qui-quadrado	3478.8
	df	435
	Sig.	.000

6.3.2. Análise de extração

O método de extração permite a identificação de componentes principais. No total, são identificados 5 componentes utilizando o método de rotação. Estes são apresentados na Tabela 11 e na Figura 6. E a Tabela 12 apresenta as pontuações dos factores de descrição dos critérios, subcritérios e elementos.

Quadro 11: Análise de componentes principais

Componente	Eigcrt inicial VflJus	EltiBCtLOn Sums ut Squiired Luadingii	Rjotaticm SuQU de LuadingH ao

							quadrado
	T ulal	% de variação 4	Cimmlative%	Tula]	% de Variane £	Cumulativ t%	Tula]
]	**11.994**	39.979	39,979	11 99	39 979	39.979	9.139
2	4.207	14.023	54.002	4.207	14.023	54.002	3.595
3	3 060	10.199	64.201	3.060	10.199	64.201	3.184
4	1.095	3.650	67.851	1.095	3.650	67.351	2.216
5	1.009	3.362	71.213	1.009	3.362	71.213	1.214
6	.920	3.067	74.231				
7	.393	2.994	77.275				
B	.800	2.667	79.941				
9	.775	2.533	32.524				
LO	.667	2.224	84.748				
11	.543	LE12	36.560				
12	.493	1.643	38.202				
13	.461	1.536	39.738				
14	**.407**	1.35 5	91.093				
15	.345	L.149	92.242				
16	.293	.992	93.234				
17	.287	.957	94.192				
IS	.253	.344	95.036				
19	.227	.753	95.793				
20	.212	.703	96.501				
21	.L86	.620	97.121				
22	**.343**	.471	97.592				
23	.133	.460	98.052				
24	.121	.403	98.455				
2>	.110	.365	98.820				
M	.089	.295	99. L15				
27	.079	.264	99.379				
28	**.077**	.256	99.634				
29	.063	.211	99.845				
30	.046	.155	100.000				

Tabela 12: Critérios, subcritérios e descrição dos elementos Pontuação dos factores

ID	CRITÉRIOS	DESCRIÇÃO DO ELEMENTO	Carregamento do fator < FL>	Média	Mínimo	Máximo

		Detetar águas não pluviais descargas de fontes sanitárias não autorizadas ou de outras fontes residenciais, comerciais ou industriais	.766	3.604	1	5
		A conceção inclui práticas sólidas de controlo da erosão e dos sedimentos para proteger os solos altamente erodíveis, disposições especiais para o controlo da erosão do solo na travessia de ribeiros	.870	3.583	1	5
	Práticas de redução da poluição	Recuperação de zonas húmidas, reduzir o total de áreas de corte e aterro perturbadas fora da faixa de rodagem para o nível mínimo	... .765	3.646	1	5
Águas pluviais Corrida de fuga Qualidade .		Detetar e eliminar quaisquer descargas de águas não pluviais provenientes de fontes sanitárias não autorizadas ou de outras fontes residenciais, comerciais ou industriais	.881	3.688	1	5
		Assegurar o tratamento completo das águas residuais (praça de portagem, zonas R&S, paisagem rodoviária) em conformidade com as autoridades locais	.790	3.833	1	5
		Proteção contra a entrada de materiais na via navegável aquando da demolição e construção de pontes	.845	3.583	1	5
	Tratamento de escoamento de águas pluviais	Utilização de melhores práticas de gestão LID - valas húmidas ou secas, filtros de areia, biorretenção	.887	3.770	1	5
		criar uma zona-tampão (Jabatan Perhutanan & Perhilitan, DOE)	.704	3.729	1	5
	Instrumentation e Controlo	Instrumentação para monitorizar e analisar os poluentes no escoamento superficial e massas de água	.737	3.833	1	5
		Demonstrar, através da utilização de modelos, a redução das cargas poluentes para os recursos hídricos adjacentes mediante a utilização de melhores práticas de gestão	.805	3.708	1	5

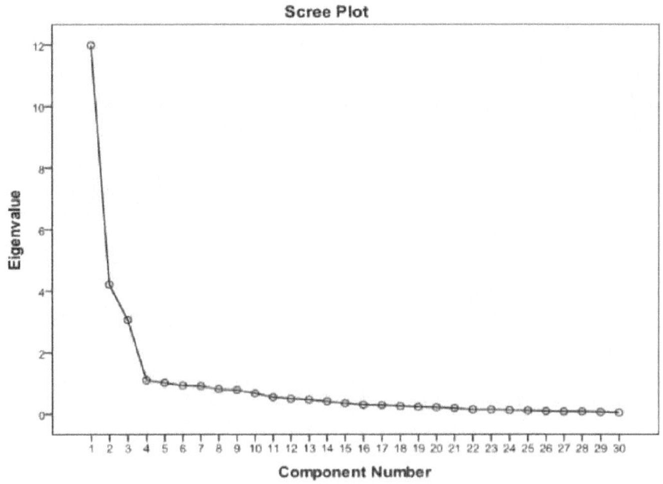

Figura 6: N-Factors: Teste de plotagem de ecrã

6. CONCLUSÃO

O estudo identifica os critérios e subcritérios de controlo da SWRQ das auto-estradas verdes, bem como as BMP para conseguir um melhor controlo da poluição das massas de água.

i. Os critérios de controlo da SWRQ da autoestrada verde são a instrumentação e a monitorização da SWRQ, o tratamento das águas pluviais e as práticas de redução da poluição. Estes critérios são compostos por subcritérios, entre os quais os mais significativos, por ordem de importância, são

a. Instrumentação para monitorizar e analisar os poluentes no escoamento e nas massas de água;

b. Assegurar que todo o tratamento das águas residuais (praça de portagem, zonas R&S, paisagem rodoviária) esteja em conformidade com as autoridades locais;

c. Utilização de melhores práticas de gestão de valas húmidas ou secas, filtros de areia, bio retenção e outras BMP estruturais para tratar 90 por cento da precipitação anual;

d. Prever e preservar as zonas-tampão existentes (Jabatan Perhutanan & Perhilitan, DOE);

e. Demonstrar, através da utilização de modelos, a redução das cargas poluentes para os recursos hídricos adjacentes através da utilização das melhores práticas de gestão.

ii. Os critérios de controlo da poluição das águas pluviais representam 30% do grupo da água e da proteção do ambiente. São identificados três subcritérios principais: práticas de redução da poluição, tratamento das águas pluviais e instrumentação e monitorização do escoamento. Cada critério individual obteve três pontos;

iii. As BMP que podem permitir um melhor controlo da SWRQ são identificadas como uma combinação de BMP não estruturais e estruturais, igualmente importantes e que vão das mais significativas às menos significativas:

a. Vegetação e paisagismo (utilizar cobertura vegetal autóctone, filtros vegetativos e zonas de proteção);

b. BMPs de qualidade do escoamento/taxa de pico (zonas húmidas construídas, lagoa húmida/bacia de retenção, bacia de detenção prolongada a seco, filtros de qualidade da água e dispositivos hidrodinâmicos)

c. Minimizar a perturbação do solo (minimizar a limpeza e o nivelamento do local, adaptando o projeto ao local).

7. RECOMENDAÇÕES

A questão da poluição causada pelo escoamento das águas pluviais sobre os recursos hídricos naturais tem vindo a suscitar grande interesse. A gama e a carga de poluentes descarregados nos canais naturais constituem uma ameaça para a saúde humana e para a vida aquática por efeito de acumulação. Este estudo realça a importância das redes de proteção dos recursos hídricos naturais contra fontes difusas de poluição provenientes das escorrências das auto-estradas e do uso do solo circundante. São feitas as seguintes sugestões para estudos futuros:

- Determinar as necessidades específicas dos recursos hídricos de várias bacias hidrográficas na Malásia, a fim de conceber um plano de águas pluviais adequado para várias zonas;
- Incluir um plano de gestão das águas pluviais como prioridade no desenvolvimento de todas as áreas desde a fase de desenvolvimento primário, a fim de gerir eficazmente o pós-desenvolvimento;
- A descarga de poluição de fontes não pontuais, que tem sido negligenciada ao longo de séculos por regulamentos estatutários, deve ser considerada para um melhor controlo da poluição pluvial;
- A monitorização e a instrumentação do escoamento superficial são primordiais para se conseguir um melhor controlo.

REFERÊNCIAS

Bao. K. L. J. (2010), Estudo da qualidade da água e sua relação com a maré alta e a maré baixa no rio Kuantan, UMP, Malásia

Barker S., Robarts R., Hiki Y. Y., Takeuchi K., Yoshimura C., e Muguetti A. C. (2007). Water Quality Data, GEMStat and open web services-and Japanese cooperation, UNEP-GEMS/Water Programme, CANADA.

Barrett, M.E., J.M. Malina, R.J. Charbeneau, e G.H. Ward. (1995a). Characterization of Highway Runoff in the Austin, Texas Area.Center for Research in Water Resources, Austin, Texas.

Bryce M. J. (2008). Desenvolvimento de infra-estruturas de transportes sustentáveis

ASTM, Estágio WISE, Universidade de Missouri, Washington.

http://www.astm.org/SNEW S/S0_2008/bryce_so0 8 .html

Claytor, R.A., e Schueler T.R. (1996). Design of Stormwater Filtering Systems. Center for Watershed Protection, Ellicott City, MD e Chesapeake Research Consortium, Inc., Solomons, MD. Solomons, MD.

Departamento de Serviços Públicos, Planeamento e Desenvolvimento Comunitário (DPSPCD, 2005), Urban Stormwater Management GuideBook, Cidade de Salem, Massachusetts.

Dietz Mi. E. (2007) Low Impact Development Practices: A Review of Current Research and Recommendations for Future Diretions. Water Air Soil Pollut 186:351-363

Conselho de Coordenação do Portal Leste-Oeste (2000). Escoamento da Autoestrada e Impactos na Qualidade da Água, EUA.

Ellingson S. K (2002). Escoamento da superfície da estrada para a bacia hidrográfica de 0ak Creek: The Influence of Hillslope and Road Characteristics. Universidade Estadual de Oregon, EUA.

Envision v2.0, (2012). Um sistema de classificação para infra-estruturas sustentáveis. Instituto de Infra-estruturas Sustentáveis, Universidade de Harvard, Washington D. C.

Erin J. Nelson, Derek B. Booth 2002, Sediment sources in an urbanizing, mixed land-use watershed, Journal of Hydrology 264 (2002) 51-68

Manual de Gestão das Águas Pluviais da Geórgia (2001) Primeira Edição, Manual Técnico. Geórgia. EUA

Green Building Index assessment Criteria v.1.0 (2009). Kuala Lumpur, Malásia. www.greenbuildingindex.org

Parceria Auto-estradas Verdes. Fundação Global para o Ambiente e a Tecnologia. (2007). Acedido online a 13 de maio de 2012.

http://www.greenhighwayspartnership.org/index.php?option=com_content& view=article&id=20&Itemid=37

Sistema de Classificação Greenroads v1.0 (2010). Universidade de Washington, Washington D.C.. EUA

Illinois - Livable and Sustainable Transportation v. 1.01, Rating System and Guide (I-LAST, 2010).Division of Highway, Illinois Department of TransportationJllinois.

John M. Hathaway & William F. Hunt (2010). Evaluation of First Flush for Indicator Bacteria and Total Suspended Solids in Urban Stormwater Runoff , Springer.

Keith L O. & Dennis L. C. (2008). Departamento de Ciências Geológicas e Ambientais, Universidade de Stanford, Stanford, CA, US2 USDA- ARS, George E. Brown, Jr. Salinity Laboratory, Riverside, CA, EUA. Laboratório de Salinidade, Riverside, CA, EUA

Lembaga Lebuhraya Malaysia (LLM/GP/T18-10, 2010).Guia preliminar para cultivar a autoestrada verde na Malásia, 1stEd, Malásia.Lembaga Lebuhraya Malaysia (LLM), http://en.wikipedia.org/wiki/Malaysian_Expressway_System

Guia de Conceção das Melhores Práticas de Gestão do Desenvolvimento de Baixo Impacto Edição 1.0 (2011) Cidade de Edmonton. Edmonton, Alberta.

Manual de diretrizes técnicas de desenvolvimento de baixo impacto para Puget Sound (2005). Washington State University Pierce County Extension, Washington DC.

McCaffer, A. M. & Majid A. Z. (1997).Assessment of Work Performance of Maintenance Contractors in Saudi Arabia. Journal of Management in Engineering,

Manual de Melhores Práticas de Gestão de Águas Pluviais de Nova Jersey (NJ-SWBMP, 2006). Capítulo 6, BMPs estruturais

National Research Council (2009) Evaluation of Best Management Practices and Low Impact Development for Highway Runoff Control, Guideline manual.USANYSDOT (2008) GreenLITES Project Design Certification Program. Recognizing Outstanding Leadership In Transportation and Environmental Sustainability, New York Department of Transportation, Nova Iorque, EUA.Pennsylvania Stormwater Best Management Practices Manual, Chapter 6, Structural BMPs (2006). Pensilvânia.

Pitt R., Bannerman R., Clark S. & Williamson D. (1995). Sources of Pollutants in Urban Areas (Part 2) - Recent Sheetflow Monitoring, Birmingam, USA

Pitt R. & Lalor M. (2000). The Role of Pollution Prevention in Stormwater Management (O papel da prevenção da poluição na gestão das águas pluviais), Universidade do Alabama em Birmingham, EUA.

Said S., Mah D. Y. S., Sumok P. e Lai S. H. (2009). Monitorização da qualidade da água do rio Maong, Malásia.

Streckler, E. W., B. Wu, e M. Iannelli, "An Analysis of Oregon Urban Runoff Water Quality Monitoring Data Collected From 1990 to 1996," Preparado para a Oregon Association of Clean Water Agencies, Woodward-Clyde Consultants,

Portland, Oregon, junho de 1997, p. 8-1.

Autoridade de Conservação de Toronto e Região (TRCA) e Autoridade de Conservação de Credit Valley (CVCA). 2010. Guia de Planeamento e Conceção da Gestão de Águas Pluviais de Desenvolvimento de Baixo Impacto; Versão 1.0.

Torres C. (2011) Characterisation and Pollutant Loading Estimation for Highway Runoff in Omaha, Mater of Science Thesis, University of Nebraska- Linkoln, Linkoln, NEBRASKA.

Programa GEMS/Água do PNUA (2006). Qualidade da Água para o Ecossistema e Saúde Humana 2nd Ed. Water Research and Management, Ontário, CANADÁ, http://www.gemswater.org/

Conselho de Transportes Urbanos (2009), Guia Verde para estradas "RoadMap" v.8. Associação dos Transportes do Canadá, Canadá.

EUA. EPA (1994). National Water Quality Inventory Report to Congress, EPA 841-R-95-005, U.S. Environment Protection Agency, Office of Water, Washington, D.C. Acedido em linha através do endereço http://water.epa.gov/polwaste/

US. EPA (1995) Polluted Runoff (Nonpoint Source Pollution) Managing Urban Runoff, Planning Considerations for Roads, Highways and Bridges EPA 841- F-96-004G. Washington, D.C. http://www.epa.gov/cgi-bin/epaprintonly.cgi

EUA. EPA (1995). Controlling Nonpoint Source Runoff Pollution from Roads, Highways and Bridges, U.S. Environment Protection Agency, Office of Water,

EPA-841-F-95-008a. Washington, D.C.

US EPA, (2001) Managing Storm Water Runoff to Prevent Contamination of Drinking Water.Office ofWater.

EUA. NRDC (1995). Stormwater Strategies Community Responses to Runoff Pollution, capítulo 2, Causes of Urban Stormwater Pollution, Washington, D.C. http://www.nrdc.org/water/pollution/storm/chap2.asp

Winkler M. (2005).The Characterization ofHighway RunoffWater Quality. O estudo de Bauingenieurwesen .

Conselho Nacional de Defesa dos Recursos dos EUA, (2005). FishNet Guidelines, capítulo 3; watershed Basics, (Recuperado em linha em junho de 2012)

http://fishnet.marin.org/pdf/Roads%20Manual%20PDFs%2007/Chapter%20 3-Bacias hidrográficas%20update%202-07.pdf

EUA. NRDC (2011). After the Storm: How Green Infrastructure Can Effectively Manage Stormwater Runoff from Roads and Highways [Como a infraestrutura verde pode gerenciar efetivamente o escoamento de águas pluviais de estradas e rodovias]. Conselho de Defesa dos Recursos Naturais, EUA. http://www.nrdc.org/water/files/afterthestorm.pdf

Ministério dos Recursos Naturais e do Ambiente (2009), Study on the River Water Quality Trends and Indexes in Peninsular Malaysia, Ministério dos Recursos Naturais e do Ambiente, Departamento de Drenagem e Irrigação, Publicação sobre Recursos Hídricos n.º 21, Malásia.

Washington State Department of Transportation (2007) Untreated Highway Runoff in Western Washington, Washington.

WSDOT (2011).Highway Runoff Manual M31-16.03, Manual Técnico, Programas Ambientais e de Engenharia. Gabinete de Projectos, Washington, DC. http://www.wsdot.wa.gov/publications/manuals/fulltext/M31 - 6/HighwayRunoff.pdf

Zainudin Z. (2010). Benchmarking River Water Quality in Malaysia (Avaliação comparativa da qualidade da água dos rios na Malásia).

Capítulo 3 Taxonomia dos estudos sobre o comportamento dos condutores em viagem

Nurul Hidayah Binti Muslim, Arezou Shafaghat, Mohammad Ismail

1. INTRODUÇÃO

A urbanização, que teve lugar há cerca de 45 anos, a partir do ano de 1970, provocou alterações dramáticas nas caraterísticas demográficas e no crescimento da população urbana devido à migração substancial das zonas rurais para as zonas urbanas (Findley, 1993). Paralelamente ao enorme crescimento da população, a procura nos sectores da energia, dos transportes e da indústria intensificou-se gradualmente com o tempo. No ano de 2012, o sector industrial consumiu 51,7% da energia, seguido de 26,6%, 13,9% e 7,8% para os transportes, a habitação e o comércio, respetivamente (IEA, 2012). Em contrapartida, uma grande quantidade de gases com efeito de estufa (GEE) foi emitida para a atmosfera. Os GEE são constituídos por dióxido de carbono (CO_2), metano (CH_4), óxido nitroso (NO_x) e dióxido de enxofre (SO_x). Acima de tudo, o CO_2 registou o nível de concentração mais elevado na atmosfera em comparação com outros gases. O CO_2 ocupou a atmosfera em cerca de 82% em comparação com o CH_4, o NO_x e o SOx (EPA, 2015b). A produção de eletricidade e calor contribui para 42% das emissões de CO_2, seguida dos transportes, que representam 23%. A indústria partilha 19% das emissões de CO_2, ocupando o terceiro lugar, seguida do sector residencial, 6%, e de outros sectores, 10% (IEA, 2015).

De acordo com a Agência Internacional da Energia (AIE), o sector dos transportes representa cerca de metade do consumo mundial de energia, em especial de petróleo, e emite simultaneamente ¼ das emissões de gases com efeito de estufa devido à queima de combustíveis fósseis. Assim, prevê-se que as tendências das emissões de CO_2 do sector dos transportes aumentem para o dobro das décadas anteriores (IEA, 2011). As tendências de consumo de combustível na perspetiva dos transportes globais dependem do desenvolvimento de uma nação, da complexidade da rede rodoviária, da eficiência da mobilidade, da intensidade do volume de tráfego, etc. O Reino Unido (RU) consome 33% da energia de combustível (EUROSTAT, 2012), enquanto que em Portugal, os Estados Unidos (EUA), a China, a Índia e a Malásia consumiram 40% (EUROSTAT, 2012), 28% (E.I.A, 2015), 19% (IEA, 2012; Yin, et al., 2015), 16,9% (TERI, 2002) e 25,5% (Devaraj, 2013) de energia de combustível, respetivamente. Da mesma forma, as tendências de emissão de veículos, em particular de CO_2 no Reino Unido, foram registadas em 25% (EUROSTAT, 2012), enquanto em Portugal, EUA, Japão, China, Índia e Malásia foram estimadas em 20% (EUROSTAT, 2012), 28% (EPA, 2015a), 19% (Matsumoto & Tsurudome, 2014), 23% (IEA, 2012; Yin, et al., 2015), 28,33% (N.P, 2013) e 22,9% (Economics, 2013), respetivamente.

A combinação de interações entre os utentes da estrada, os veículos a motor e o ambiente pode levar a vários acidentes rodoviários, as lesões e a morte dependem do grau de interação (Comissão Europeia, 2004; HERMANS, BRIJS, & WETS, 2008;

OMS, 2004). Até 2030, as lesões causadas pelo tráfego rodoviário serão reconhecidas como a principal causa de morte por lesão e previstas como a quinta principal causa de morte no mundo (Organização, 2013). Em 2013, mais de 1,2 milhões de pessoas morreram devido a acidentes rodoviários e 20 a 50 milhões sofreram vários tipos de lesões causadas pelo trânsito (Organização, 2013). Na UE, 25 845 pessoas morreram (aumento da taxa de acidentes) no ano de 2014 em consequência de colisões rodoviárias, em comparação com os anos anteriores ((ETSC), 2015). Assim, a prática de uma condução segura é hoje em dia significativa para incentivar e melhorar o quadro de prevenção de acidentes rodoviários existente nos cenários globais de transporte, apesar dos impactos ambientais que têm sido salientados nos últimos dias.

2. CORPO DE CONHECIMENTOS EM ESTUDOS SOBRE O COMPORTAMENTO DOS VIAJANTES

A condução ecológica promove o modo de condução que tem por objetivo reduzir o consumo de combustível dos veículos e as emissões de gases de escape. O excesso de velocidade, a aceleração forte e a travagem brusca estão intimamente relacionados com um comportamento de condução agressivo. Estes atributos têm uma influência significativa no consumo de combustível do veículo, nas emissões de gases de escape e na segurança. De acordo com Boriboonsomsin, a condução ecológica reduz 14% do consumo de combustível e das emissões de CO_2, mas a condução agressiva aumenta o consumo em 40% e as emissões de CO e NOX em mais de 40% (Boriboonsomsin, Barth, & Vu, 2011). À medida que o público se torna mais consciente das questões ambientais, há uma grande procura de promoção e prática de uma condução ecológica, especialmente nas zonas urbanas. Além disso, esta questão suscitou grande interesse entre os investigadores e os fabricantes de automóveis para avaliar os efeitos dos comportamentos dos condutores no consumo de combustível dos veículos, nas emissões de gases de escape e nos riscos de segurança e de acidente, melhorando a tecnologia dos veículos existentes.

Os factores humanos, do veículo e ambientais são os elementos essenciais que foram utilizados para desenvolver a taxonomia. Com base nestes, os factores humanos são divididos em tipos de condutores, caraterísticas de condução, saúde psicológica e capacidade cognitiva do condutor e comportamentos, seguidos dos factores do veículo, que se centram nas operações e caraterísticas do veículo. Por sua vez, os factores ambientais são classificados em desenhos de estradas, ruas e tráfego, juntamente com alguns factores externos como o clima, a regulamentação, etc.

Os subelementos de cada ramo estão interligados entre si. Por exemplo, o tipo de condutor, as caraterísticas de condução, a conceção das estradas e do tráfego e o funcionamento do veículo são factores relevantes para o consumo de combustível e as emissões de gases de escape. Esta relação pode ser comprovada se analisarmos a situação em que a aceleração de um veículo que requer uma mudança brusca de velocidade aumenta o consumo de combustível com base no aumento da relação combustível/ar. Esta condição intensificará a quantidade de monóxido de carbono (CO) e de hidrocarbonetos (HC) emitidos pelos gases de escape do veículo, bem como aumentará o consumo de combustível do veículo. Por outro lado, as condições de tráfego e o congestionamento devido a uma mobilidade crescente são susceptíveis de afetar o consumo de combustível e as emissões de um veículo, para além da conceção do tráfego, da existência de cruzamentos e das experiências de condução.

Os actos de excesso de velocidade, aceleração e travagem brusca são definitivamente prejudiciais não só para o ambiente (poluição do ar) e para o veículo, mas também em termos de segurança. Têm sido registados periodicamente numerosos casos de colisões, despistes e mortes de veículos devido à condução agressiva, que não só é prejudicial para os outros condutores como também para os peões na maioria das zonas urbanas. Vários estudos concluíram que os riscos e a frequência dos acidentes aumentam e diminuem proporcionalmente à velocidade do tráfego. Assim, a segurança é uma caraterística importante a incluir, uma vez que está interrelacionada com as caraterísticas da condução. O fator condutor é considerado um dos principais atributos, seguido do veículo e das condições ambientais, na avaliação da prática de uma condução segura. O fator condutor classifica os motivos e as competências cognitivas que melhoram ou promovem uma condução segura e os comportamentos de risco que conduzem a uma prática de condução insegura. No presente documento, os comportamentos do condutor são classificados em perturbações próprias e perturbações ambientais. As perturbações próprias representam conjuntos de acções individuais que têm origem no condutor, ao passo que as perturbações ambientais representam eventos de interação entre os condutores e o ambiente que os rodeia (ou seja, outros utentes da estrada, incluindo o condutor, os peões, os elementos físicos da estrada, etc.).

Este documento pretende construir uma visão geral do comportamento do condutor com base em três (3) componentes (conforme indicado na taxonomia, ver Figura 1) que incluem energia (combustível e emissões), comportamentos do condutor e práticas de condução seguras, com base em artigos de jornais, relatórios e artigos em linha recolhidos.

2.1. Consumo de combustível e emissões pelo tubo de escape

Os critérios de consumo de combustível e de emissões de gases de escape são subclassificados em quatro (4) grupos, a saber: tipos de condutores, caraterísticas de condução, caraterísticas da estrada e do tráfego e caraterísticas operacionais do veículo, conforme ilustrado na Figura 1.

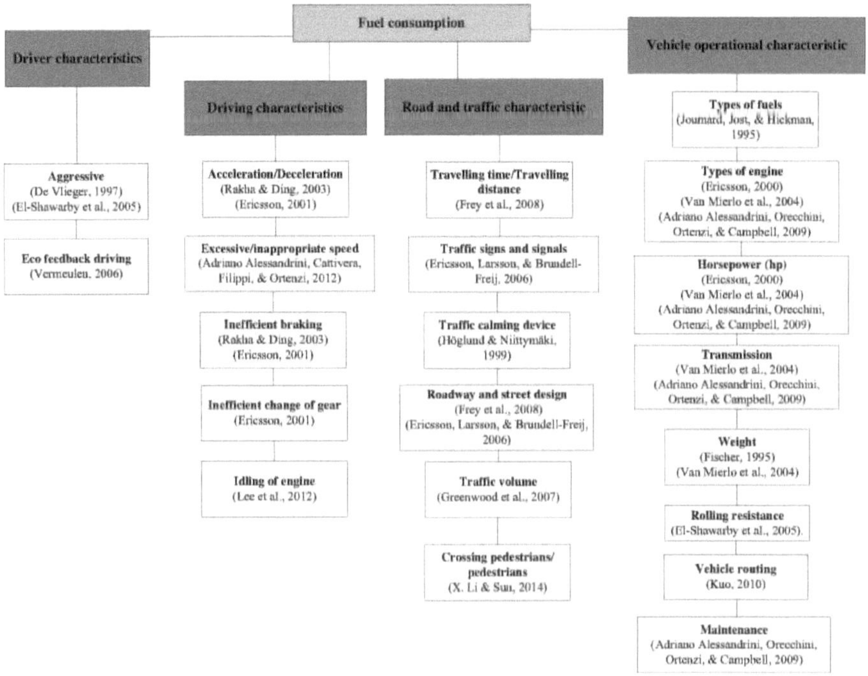

Figura 1: Conjunto de conhecimentos sobre consumo de combustível e emissões pelo tubo de escape Aspec

Os tipos de condutores são ainda classificados em condutores agressivos, não agressivos e ecológicos para diferenciar o tipo comum de condutor com base nas suas caraterísticas de condução. Em geral, o condutor agressivo tende a ser agressivo e expressivo com gestos e comportamentos durante a condução. Os condutores não agressivos são, nomeadamente, os condutores sensatos, calmos e ecológicos. Os condutores calmos são mais relaxados, enquanto os condutores sensatos reagem à situação. Por exemplo, a velocidade de condução. Os condutores calmos não conduzem a alta velocidade, mantendo uma velocidade baixa, ao contrário dos condutores sensatos, que aumentam e diminuem a velocidade de acordo com a situação do trânsito. Assim, tendo em conta o nível de emissões, quanto maior for o combustível queimado, maior será o nível de emissões para a atmosfera.

Um condutor agressivo tende a conduzir a alta velocidade, a acelerar rapidamente e a ultrapassar continuamente os outros condutores. Estima-se que os padrões de condução definidos como aceleração súbita e elevada e travagem forte (condução agressiva) causam mais emissões de gases de escape e aumentam 30-40% o consumo de combustível do que uma condução calma. Consequentemente, o consumo de combustível foi afetado pela potência de aceleração elevada e moderada, paragem, oscilação da velocidade, aceleração extrema, velocidade de 50-70km/h e velocidade moderada do motor nas mudanças 2 e 3 (Ericsson, 2001). A velocidade inconsistente e a travagem enquanto os condutores aceleram e ultrapassam consomem definitivamente mais combustível e libertam um nível elevado de emissões. As taxas de consumo de combustível diminuíram do tráfego urbano (arranque a frio) para o tráfego em autoestrada para todos os tipos de comportamento de condução. Considerando o comportamento de condução separadamente, verifica-se um aumento acentuado do consumo de combustível (20 a 40%) para a condução agressiva, com exceção do tráfego em autoestrada (apenas 7% mais elevado). A condução calma resulta numa pequena diminuição (5%) do consumo de combustível em comparação com a condução normal (De Vlieger, 1997). Por outro lado, a avaliação efectuada por Vermeulen revelou que o recuo nos automóveis a gasolina de quase 7% em relação aos automóveis a gasóleo corresponde à adaptação da condução ecológica (Vermeulen, 2006).

As caraterísticas da condução dividem-se em quatro (4) tipos: aceleração/desaceleração, velocidade, travagem e mudança de velocidade. Um exemplo de congestionamento de tráfego é o local onde a travagem e a mudança de velocidade mais frequentes afectam o consumo de combustível. Especificamente, a taxa de consumo de combustível diminuiu a partir de uma taxa mais elevada, que apareceu à velocidade mais baixa neste estudo (10 km/h), atingindo o seu mínimo a uma velocidade de aproximadamente 80 km/h e aumentando novamente com um aumento da velocidade de cruzeiro. O impacto das paragens do veículo no consumo de combustível foi considerado pouco significativo. A taxa de consumo de combustível de um veículo é marginalmente afetada por uma paragem típica (um aumento inferior a 10%). O impacto do nível de aceleração na taxa de consumo de combustível do veículo foi considerado pouco significativo. Um pequeno aumento no consumo de combustível à medida que o nível de aceleração aumenta de 0,0941-0,0985L/km para um aumento na taxa de aceleração de 20-100% da taxa máxima viável (Rakha & Ding, 2003). De acordo com a Ericsson, existem cinco padrões principais de condução, que são a distância percorrida, a velocidade do motor e a percentagem de tempo em aceleração de +1,5m/s^2, desaceleração de - 1,5m/s^2a -2,5 m/s^2 e velocidade inferior a 15km/h (Ericsson, 2000).

O estilo de condução ecológica demonstrou uma elevada redução do consumo de combustível e das emissões a uma velocidade média mais baixa, particularmente 30% a 10km/h para os veículos a gasolina e 22% a 40km/h para os veículos a gasóleo, em comparação com uma velocidade média elevada (Adriano Alessandrini, Cattivera, Filippi, & Ortenzi, 2012). O estilo de condução agressivo regista a flutuação da velocidade elevada entre 70-80km/h, o comportamento do acelerador e a relação ar/combustível entre 430-480s (Alessandrini, Filippi, Orecchini, & Ortenzi, 2006). Verificou-se que o funcionamento com ar condicionado aumentou o consumo de combustível em 90%, no máximo, em comparação com o funcionamento sem ar condicionado durante a condição de ralenti. Durante o ralenti do motor, foi exercido um binário de 50 Nm com o ar condicionado e um binário nulo sem o ar condicionado. A 2000 rotações/minuto do motor (velocidade de 100 km/h), foi exercido um binário de 140 Nm com ar condicionado e de 120 Nm sem ar condicionado. O consumo de combustível a uma velocidade inferior (ou seja, 50 km/h) resulta numa economia de combustível de 25% em comparação com a velocidade superior (ou seja, 120 km/h), que resulta numa economia de combustível de 9% (Lee, Kim, Park, & Bae, 2012).

As caraterísticas da estrada e do tráfego consistem na conceção da estrada e da rua, na adoção de dispositivos de acalmia do tráfego, nos sinais de trânsito e na distância/tempo de viagem. A conceção das estradas desempenha um papel importante na determinação dos limites de velocidade, por exemplo, nas vias rápidas e nas estradas urbanas. A via rápida, onde podemos conduzir a uma velocidade de 100-120 km/h, depende das cidades/regiões, enquanto as estradas urbanas/ruas estão limitadas a menos de 40 km/h. Como já sabemos, o excesso de velocidade aumenta o consumo de combustível, mas uma velocidade constante consome desnecessariamente mais combustível. Mais uma vez, isso depende do terreno da estrada, da conceção do tráfego (fornecimento de dispositivos de acalmia, sinais e placas) e da sua distância de deslocação. Por exemplo, um veículo que se desloque a uma velocidade constante de 80 km/h ao longo de uma via rápida de 10 km pode consumir menos combustível do que um veículo que se desloque em estradas urbanas. O mais provável é que consuma mais combustível, uma vez que são aplicadas mais travagens bruscas, desacelerações e mudanças de velocidade. O comportamento de condução é um fator que contribui para a diferença de emissões entre condutores. Condutores diferentes tendem a apresentar perfis de velocidade diferentes que, por sua vez, afectam as emissões. As diferenças médias de emissões entre condutores, quando estratificadas por rota, direção de viagem, veículo e hora do dia, variam entre 4 e 5% para o CO_2, 9 e 11% para os HC, 16 e 18% para os NO_x e 102 e 114% para o CO (Frey, Zhang, & Rouphail, 2008).

O consumo de combustível nas classes de ruas com uma elevada densidade de cruzamentos controlados por semáforos é geralmente mais elevado do que nas classes correspondentes sem uma elevada densidade de cruzamentos controlados por semáforos. Numa rede local, uma zona residencial com semáforos de elevado impacto, limite de velocidade de 30 km/h e sem dispositivo de acalmia de tráfego consumiu 0,14 l/km de combustível. Numa rede rodoviária principal, a zona residencial sem semáforos, com limite de velocidade de 30-50km/h e com dispositivo de acalmia de tráfego, o consumo de combustível situa-se entre 0,10-0,12L/km. Na zona central de negócios, sem dispositivo de acalmia de tráfego (com limite de velocidade de 30-50km/h e elevado impacto dos semáforos), o consumo de combustível situa-se entre 0,12-0,16L/km (Ericsson, Larsson, & Brundell-Freij, 2006). Hyden e Varhelyi (2000) avaliaram as velocidades e as emissões antes e depois da instalação de rotundas na Suécia. Na intersecção anterior não sinalizada, as emissões de CO aumentaram 6% e as de NOx 4%, enquanto que numa intersecção previamente sinalizada, as emissões de CO diminuíram 29% e as de NOx 21% (Hydén & Vàrhelyi, 2000). As rampas de velocidade são instaladas para reduzir a velocidade máxima em ruas que podem levar a um risco elevado de acidentes; no entanto, como o condutor tem de abrandar ao aproximar-se das rampas de velocidade, isso provocará uma maior dinâmica de condução. Esta situação aumentará o consumo de combustível e as emissões em, pelo menos, mais de 50%. Numa zona com limite de velocidade (30km/h), o consumo de combustível e as emissões foram reduzidos até 10-20km/h. A conceção das estradas e do tráfego, incluindo os congestionamentos, aumenta significativamente as emissões (Van Mierlo, Maggetto, Van de Burgwal, & Gense, 2004). O impacto do congestionamento do tráfego produz um aumento global de 13% no consumo de combustível quando comparado com a hipótese de uma condução a velocidade constante durante um período de 24 horas (Greenwood, Dunn, & Raine, 2007).

Um veículo a circular a velocidades que variam entre 35 e 45 mph, a taxa média de emissão de NO para inclinações de 5% ou mais foi maior por um fator de 4 em comparação com inclinações de 0% ou menos; os aumentos correspondentes na emissão de HC, emissão de CO, e taxas de utilização de combustível variaram de 40% a 100% (Frey et al., 2008). Segundo Hoglund & Niittymaki, com a instalação de lombas nas horas de ponta, o consumo de combustível aumentou 18,99% em relação ao valor inicial (sem lombas), que é de 39,65 litros. Subsequentemente, os níveis de emissão também aumentaram em 26%, 32% e 62% para NOx, CO e HC, respetivamente. Entretanto, com uma intensidade de tráfego mais baixa, a quantidade de consumo de combustível aumentou 13,6% em relação à quantidade inicial (sem lombas), que é de 4,4 litros. Consequentemente, os níveis de emissões também aumentaram em 18,72% (NOx), 31,96% (CO) e 76,2% (HC) (Hoglund & Niittymaki, 1999).

Boulter efectuou uma investigação sobre as partículas (PM) dos veículos com motor diesel em função do número de lombas instaladas. Foi demonstrado que as emissões de partículas aumentaram em 30%. Assim, quanto maior for o número de lombas (dispositivos de acalmia), maiores serão as reduções de velocidade e alguns dos maiores aumentos de emissões (Boulter, 2001). Um modelo de cenário de um único veículo mostra uma relação entre a velocidade e a taxa de chegada dos peões, o consumo de combustível e as emissões de gases de escape. A influência do limite de velocidade do veículo torna-se menos significativa para taxas de chegada de peões maiores (Np). O autor constatou que, na região de baixa densidade de veículos, o fluxo de tráfego é mais influenciado pelo atravessamento de peões, enquanto na região de alta densidade de veículos, as interações entre veículos dominam (Li & Sun, 2014).

Por último, as caraterísticas operacionais do veículo são categorizadas em sete (7) subcaracterísticas, tais como tipos de combustível, motor, potência, transmissão do veículo, peso, resistência ao rolamento, trajeto do veículo e manutenção. Os tipos de motor e de potência são importantes para distinguir o nível de desempenho de um automóvel. Foram testados três Honda Civic: & um Euro IV de 2 litros de cilindrada com ignição convencional, o 2000; & o híbrido Euro III, o IMA; e & o híbrido Euro IV, designado Hybrid. Os consumos médios medidos são: 8,23 L/100 km para o Hybrid, 9,95 L/100 km para o IMA e 12,66 L/100 km para o 2000. Estas diferenças mostram que os veículos híbridos tendem a consumir menos do que os veículos convencionais e que o Hybrid, o veículo híbrido de última geração que possui um motor elétrico mais potente e uma transmissão continuamente variável, tem um desempenho melhor do que o antigo IMA (Adriano Alessandrini, Orecchini, Ortenzi, & Campbell, 2009). Em França, na Alemanha e no Reino Unido, foram efectuadas medições das emissões (em velocidade e aceleração) utilizando 14 ciclos de condução em zonas de tráfego urbano. Os resultados obtidos foram os seguintes: a uma velocidade mais baixa (15km/h), para veículos a gasolina, a quantidade de consumo de combustível é de ≈100g/km e a emissão de CO_2 é de ≈200g/km, enquanto que, para veículos a gasóleo, a quantidade de consumo de combustível é de 50-100g/km e a emissão de CO_2 é de ≈200g/km. A uma velocidade superior (45km/h), para veículos a gasolina, o consumo de combustível situa-se entre 50-75g/km e a emissão de CO_2 é de ≈200g/km, enquanto que, para veículos a gasóleo, o consumo de combustível é de aproximadamente 50g/km e a emissão de CO_2 é de ≈200g/km (Joumard, Jost, & Hickman, 1995).

As diferentes transmissões afectam o consumo de combustível. Por exemplo, um automóvel com transmissão manual permite ao condutor controlar a mudança de velocidade, o que é ligeiramente mais eficiente do que um automóvel com transmissão automática. Do mesmo modo, um automóvel com carga pesada ou com ar condicionado pode necessitar de mais energia para se deslocar, pelo que consome mais combustível. Este consumo é de 82,7 g/km (26%). As emissões suplementares de CO_2 não são nulas, mas sim de 2,4-18 g/km a 13 °C (1,5-7%), devido à atividade de desembaciamento. As emissões de CO e HC apresentam uma tendência relevante (fator 2 de 23 °C com o ar condicionado desligado para 37 °C com o ar condicionado ligado) em relação à atividade do ar condicionado (Weilenmann, Vasic, Stettler, & Novak, 2005). Fischer estimou que, utilizando o peso de 13,6 kg do ar condicionado em 16 400 km/ano, a quantidade de gasolina por ano seria de 12,7 L/ano, enquanto as emissões de CO_2 para o transporte do sistema e as emissões durante o seu tempo de vida são de 29,5 kgCO2/ano e 325 kgCO2/ano, respetivamente (Fischer, 1995). O menor desempenho do motor, o menor peso, o tamanho reduzido do motor e a paragem automática do motor emitiram emissões quase insignificantes e consumiram menos combustível (Van Mierlo et al., 2004).

A resistência ao rolamento funciona em conjunto com o efeito de carga e tem um efeito diferente em condições de chuva ou neve. A taxa de emissão de CO aumenta de 12,6 g/viagem para 71,6 g/viagem (aumento de 470%) e finalmente para 266,3 g/viagem, para manobras de aceleração suave, normal e agressiva do veículo. No caso do CO_2, a tendência indica um ligeiro aumento das taxas de emissão de CO_2 de 788 para 900 g/viagem (um aumento de 14%), com uma mudança no comportamento de aceleração de suave para normal e uma diminuição subsequente para 814 g/viagem para acelerações agressivas (El- Shawarby, Ahn, & Rakha, 2005). O efeito médio absoluto no CO_2 de um veículo de peso médio da classe B é de cerca de 2,9 g/km por classe de resistência ao rolamento (RR). Para um veículo de peso médio da classe D, este valor é de cerca de 3,5 g/km por classe de RR. O valor mais elevado para o veículo da classe D está relacionado com o seu peso mais elevado. O efeito da variação da RR no CO_2 aumenta linearmente com o peso do veículo. Assim, em termos do efeito da resistência ao rolamento, conclui-se que uma RR média 10% inferior resultará em emissões de CO_2 1,5 a 2% inferiores (Iddo Riemersma, 2012).

O sistema de encaminhamento de veículos também é importante para determinar o consumo de combustível em função da distância percorrida. Um carro novo consome menos combustível do que um carro velho; do mesmo modo, um carro com boa manutenção poupa mais combustível do que um carro com manutenção incorrecta. É efectuada uma avaliação experimental do método proposto. Os resultados mostram que o método proposto proporciona uma melhoria de 24,61% no consumo de combustível em relação ao método baseado na minimização do tempo de transporte e uma melhoria de 22,69% em relação ao método baseado na minimização das distâncias de transporte (Kuo, 2010).

2.2. Comportamento do condutor

A condução de risco é uma das caraterísticas importantes dos critérios de segurança e de risco de acidente. Os comportamentos de risco estão normalmente relacionados com a agressividade de um condutor durante a condução. As várias acções comportamentais durante a condução são identificadas e agrupadas em duas: perturbação própria e perturbação ambiental, como mostra a Figura 2. A auto-perturbação representa as acções do condutor originadas por ele próprio, ao passo que a perturbação ambiental representa as acções e interações do condutor com o meio envolvente.

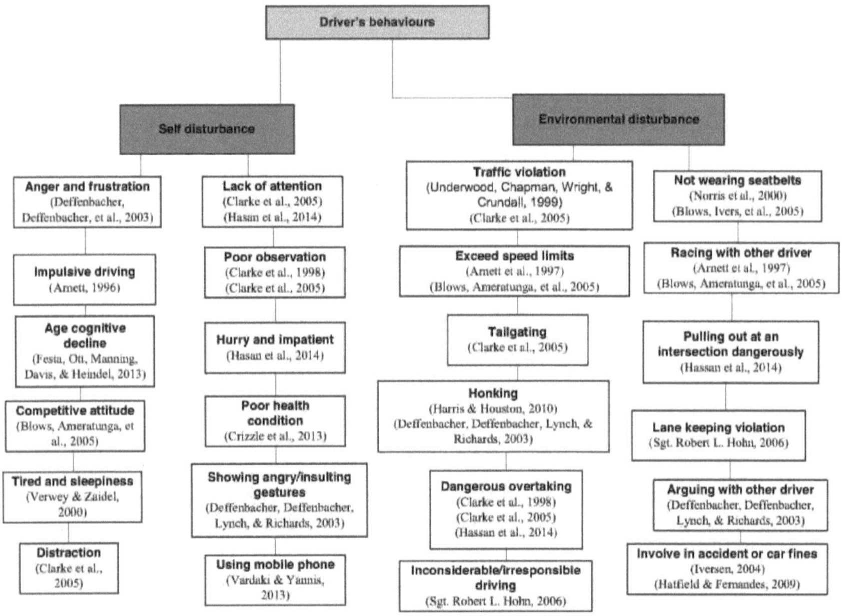

Figura 3: Corpo de conhecimento no aspeto do comportamento do condutor

A condução agressiva é uma infração de trânsito ou uma combinação de infracções, tais como seguir demasiado de perto, excesso de velocidade, mudanças de faixa inseguras, não sinalizar a intenção de mudar de faixa e outras formas de condução negligente ou irreflectida. O gatilho para o condutor agressivo é normalmente o congestionamento do trânsito associado a um horário quase impossível de cumprir (Sargento Robert L. Hohn, 2006). Os condutores com elevado nível de raiva reagem com mais raiva num trânsito normal, quando estão presos no trânsito em hora de ponta e quando são gritados por outro condutor do que os condutores com baixo nível de raiva. Os condutores com elevado nível de raiva referiram um estado de raiva significativamente maior e tendências agressivas verbais em função da impedância do que os condutores com baixo nível de raiva. As tendências de agressividade física seguiram um padrão ligeiramente diferente. Uma proporção significativamente mais elevada de condutores com elevado nível de raiva (55%) que se envolveram numa condução mais errática do que os condutores com baixo nível de raiva (23%) teve um acidente na simulação que envolvia a incapacidade de ultrapassar um condutor lento em segurança (Deffenbacher, Deffenbacher, Lynch, & Richards, 2003). Verwey e Zaidel estudaram os factores fadiga e sonolência e descobriram que 46% dos participantes tinham experiência de "quase adormecer ao volante" e 12% indicaram ter tido um acidente devido à sonolência (Verwey & Zaidel, 2000).

Clarke et al. realizaram um estudo sobre o comportamento de ultrapassagem de condutores jovens e idosos e concluíram que a viragem à direita, a colisão frontal e a perda de controlo são os erros de ultrapassagem mais comuns entre os condutores jovens e idosos, o que pode conduzir a mortes na estrada. Este facto deve-se a uma má observação, a um julgamento errado e a uma velocidade de manobra excessiva (Clarke, Ward, & Jones, 1998). Quatro estudos concluíram que os condutores com deficiência cognitiva eram mais susceptíveis de restringir a sua condução do que os condutores sem qualquer deficiência cognitiva. Dois estudos (Cotrell & Wild, 1999; Kowalski, Love, & Tuokko, 2012) investigaram as razões subjacentes à restrição da condução, tendo referido como principais motivos as alterações das capacidades visuais, uma menor necessidade de conduzir e a consciência dos défices de atenção. Esta constatação é coerente com estudos anteriores que investigaram as razões da autorregulação, segundo os quais os condutores referem frequentemente alterações das capacidades físicas, como a visão (Charlton, Oxley, Fildes, & Les, 2001; Wackerbarth & Johnson, 1999) e uma diminuição dos níveis de confiança (Donorfio & D'Ambrosio, 2009), como razões mais fortes para restringir a condução do que o declínio das capacidades cognitivas. Além disso, o estado cognitivo de cada pessoa, mais do que outras medidas demográficas ou de desempenho, pode levar a uma maior regulação de aspectos específicos do comportamento de condução (Festa, Ott, Manning, Davis, & Heindel, 2013).

O não uso do cinto de segurança não previu acidentes, mas influenciou significativamente a gravidade dos acidentes que ocorreram; ou seja, os condutores que anteriormente tinham declarado usar "sempre" o cinto de segurança tinham menos probabilidades do que os outros de ficarem feridos quando ocorreram acidentes (Norris, Matthews, & Riad, 2000). Os condutores sem cinto tinham 10 vezes mais risco de se envolverem num acidente com ferimentos do que os condutores com cinto, após ajustamento para múltiplos factores de confusão. Os não utilizadores habituais tinham maior probabilidade de estar sem cinto quando se envolviam num acidente (Blows, Ivers, & Connor, 2005). Os condutores que estiveram envolvidos em acidentes de viação ou despistes no último ano correram mais riscos ao conduzir (Iversen, 2004). De acordo com Hatfield e Fernandez, os condutores mais jovens consideram que correm mais riscos de se despistarem devido a excesso de velocidade, de serem multados ou de se despistarem, de conduzirem sob o efeito do álcool e de ficarem feridos ou morrerem num acidente de viação (Hatfield & Fernandes, 2009). As exposições significativamente associadas aos ferimentos do condutor foram a condução de um veículo motorizado por emoção e a condução a 20 km/h ou mais acima do limite de velocidade. As corridas por emoção foram associadas a um aumento significativo do risco tanto para os condutores com 25 anos ou mais como para os condutores com menos de 25 anos. A condução a 20 km/h ou mais acima do limite de velocidade foi associada a um aumento do risco para os condutores mais jovens; no entanto, o aumento do risco não foi significativo para os condutores mais velhos (Blows, Ameratunga, & Ivers, 2005).

Os factores de "assunção voluntária de riscos" ou comportamentos de risco foram considerados como factores contributivos para o acidente, tais como: o condutor excedeu o limite de velocidade indicado (25,92%), condução em estado de embriaguez (7,13%), imprudência (i.e., corrida com outro veículo e condução acima da velocidade indicada) (5,62%), ultrapassagem perigosa em vários cruzamentos/secções rodoviárias (1,98%), twoc (1,63%), fuga à frente (1,39%) e infração de trânsito (0,93%). Os factores de "aptidão" representam a maior parte das falhas frequentes de aptidão, como a falta de atenção (18,83%), o desconhecimento do limite de velocidade (12,28%), a ultrapassagem (9,14%), a observação/visão limitada (7,59%), as distracções (4,12%) e o não olhar na direção relevante (3,76%) (Clarke, Ward, & Truman, 2005). Uma velocidade de ultrapassagem mais elevada está associada a um comportamento agressivo nas manobras de ultrapassagem, pelo que o condutor que ultrapassa se apercebe de um intervalo mais curto em relação ao tráfego em sentido contrário e, consequentemente, de um menor tempo de decisão, de ultrapassagem e de margem de segurança (Hassan, Puan, Mashros, & Sukor, 2014). O ato de condução mais perigoso foi "passar o sinal vermelho", seguido de "fazer uma corrida com outro condutor". Apenas 23% dos condutores consideraram que era perigoso conduzir a mais de 30 km dos limites de velocidade legais. O ato de condução insegura mais frequentemente observado foi o "excesso de velocidade (70%), seguido de "conduzir demasiado perto (57%), "não utilizar os sinais de mudança de direção (53%), "conduzir de forma desatenta (50%)" e "passar sinais vermelhos (43%)". As principais causas de comportamentos de condução inseguros foram "estar com pressa/pressão de tempo (66%)", "comportamento agressivo dos outros (52%)" e "recusar as regras de trânsito (51%)" (Hasan, Ahmed, & Al-Bar, 2014).

80% dos rapazes e 70% das raparigas conduzem acima da velocidade indicada. Uma percentagem significativa de rapazes e raparigas referiu ter tido estes comportamentos mais de 10 vezes no último ano. Além disso, mais de 50% dos rapazes e cerca de 40% das raparigas referiram ter participado em corridas de automóveis e ultrapassagens numa zona não permitida pelo menos uma vez no último ano. Por outro lado, os cintos de segurança foram usados pelos participantes (89%) e o álcool foi consumido pelo condutor em menos de 2% das viagens registadas (Arnett, Offer, & Fine, 1997). As mulheres altamente impulsivas tinham entre 2,2 e 8,4 vezes mais probabilidades de se envolverem em comportamentos de risco do que as mulheres pouco impulsivas. As taxas mais elevadas de comportamentos de risco foram também demonstradas nos homens altamente impulsivos. Estes resultados sugerem que os adolescentes e jovens adultos altamente impulsivos correm um risco considerável de lesões pessoais e representam uma fonte potencial de lesões para os outros (Arnett, 1996).

Vardaki e Yannis investigaram o comportamento dos condutores em relação à utilização do telemóvel utilizando a análise de grupos. Segundo o autor, quase um terço (34%) dos condutores do grupo 1 admite que "frequentemente", "muito frequentemente" ou "sempre" faz ou atende chamadas com um telemóvel de mãos livres. 61% dos condutores do Agrupamento 2 afirmaram fazer/atender chamadas telefónicas sem um telefone de mão, enquanto uma clara maioria de 70% afirmou que "nunca" ou "raramente" faz ou atende uma chamada com um telefone de mão no Agrupamento 3. A maioria dos condutores em todos os grupos tem menos de 55 anos, com a percentagem mais elevada no Grupo 1, os condutores que cometem infracções de trânsito com mais frequência (Vardaki & Yannis, 2013).

O comportamento de buzinar é mais acentuado nas mulheres do que nos homens. Os participantes também eram menos propensos a buzinar e a fazer "tailgate" de manhã do que noutros períodos (Harris & Houston, 2010). Os condutores com elevado nível de raiva envolvem-se em mais discussões com outros condutores e buzinam mais do que os condutores com baixo nível de raiva (Deffenbacher et al., 2003). Os condutores com um nível elevado de raiva tiveram mais comportamentos agressivos, incluindo gestos hostis, palavrões a outros condutores ou peões, luzes intermitentes em sinal de raiva, gritos a outro condutor, perda de controlo da raiva durante a condução, condução atrás de outro condutor em sinal de raiva e corte de trânsito a alguém em sinal de raiva, em comparação com os condutores com um nível baixo de raiva (Deffenbacher et al., 2003). O piscar dos faróis e a utilização de gestos obscenos foram também considerados agressivos pela maioria dos condutores, tendo sido experimentados recentemente por 59% e 48% dos inquiridos, respetivamente (M. Joint, 1995).

2.3. Prática de condução segura

O comportamento humano é regido por regras, quer em situações individuais, quer em interações sociais. À medida que vivemos, somos obrigados a cumprir determinados regulamentos e a comportarmo-nos de forma adequada para evitar sanções ou multas. Mesmo assim, algumas pessoas não seguem simplesmente as regras e este comportamento reduz significativamente as margens de segurança e aumenta a probabilidade de mortes ou ferimentos na estrada (Iversen & Rundmo, 2002). A prática da condução segura incide principalmente nas caraterísticas avançadas de segurança dos veículos, nas práticas de condução económica, nos motivos de segurança, nos regulamentos de trânsito e nas medidas de execução (Figura 3).

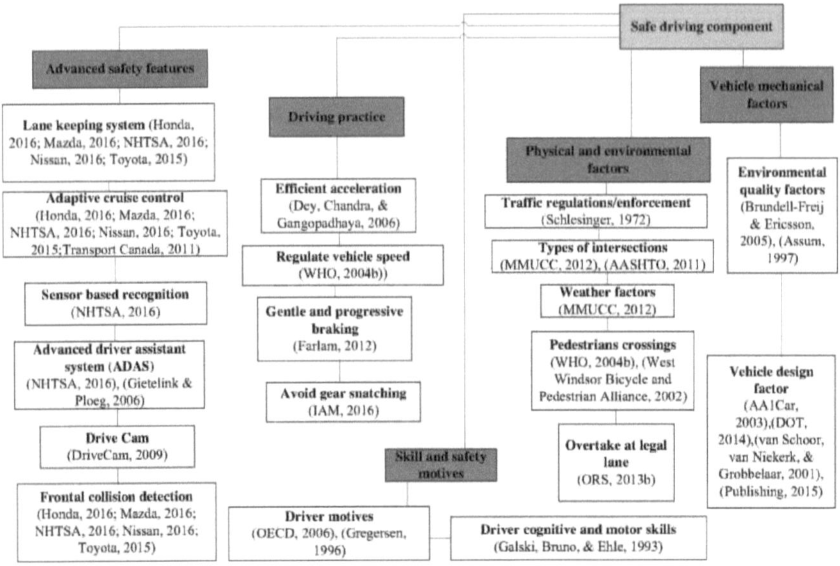

Figura 4: Corpo de conhecimentos sobre práticas de condução segura

As caraterísticas de segurança avançadas, como o sistema de aviso de manutenção na faixa de rodagem, o controlo de cruzeiro adaptativo, a deteção de colisão frontal, a câmara de condução, etc., são algumas das caraterísticas inteligentes que foram adoptadas pela maioria dos fabricantes de automóveis, como a Honda, a BMW, a Mercedes Benz, a Hyundai-Kia, a Toyota, a Mazda, a Ford, etc. Estas caraterísticas não só facilitam a condução e ajudam os condutores em caso de colisão, como também melhoram a economia de combustível do veículo e a segurança dos condutores. Esta caraterística também é importante para manter uma velocidade eficiente e actividades de travagem de um carro. Assim, promoverá uma condução mais segura e económica (Honda, 2016; Mazda, 2016; NHTSA, 2016; Nissan, 2016; Toyota, 2015). Um ADAS é um sistema de controlo de veículos que utiliza sensores ambientais (por exemplo, radar, laser, visão) para melhorar o conforto da condução e a segurança do tráfego, ajudando o condutor a reconhecer e a reagir a situações de tráfego potencialmente perigosas (Gietelink & Ploeg, 2006). Por seu lado, a câmara de condução foi concebida para captar áudio e vídeo no interior e no exterior do veículo quando desencadeada por um movimento invulgar, como uma travagem brusca, um desvio ou uma colisão (DriveCam, 2009). A deteção de colisão frontal é um sensor localizado na parte dianteira do automóvel para monitorizar a distância e a velocidade relativa de um veículo à frente (Transport Canada, 2011). Para além destas caraterísticas, a melhoria das práticas de condução também pode aumentar a segurança da condução, por exemplo, através do controlo da velocidade do veículo (OMS, 2004b), da aceleração constante durante a ultrapassagem, o seguimento do automóvel ou a mudança de faixa (Dey, Chandra, & Gangopadhaya, 2006), da aplicação de uma travagem progressiva suave e segura (Farlam, 2012) e da prevenção do roubo de velocidades (IAM, 2016). Este esforço não se limita à tecnologia e à prática, mas também à educação e à aplicação de regulamentos para garantir o equilíbrio dos elementos entre o homem, a tecnologia e o automóvel (Schlesinger, 1972).

Os motivos de segurança são influenciados pela idade, género, experiência de condução e capacidade de controlar a condução. Inclui também a determinação do condutor em conduzir a uma distância e velocidade seguras Assim, o feedback da condução é crucial para que os condutores melhorem os seus motivos de segurança na condução (OCDE, 2006) (Gregersen, 1996). As competências cognitivas e motoras dos condutores desempenham um papel importante na condução segura, porque os condutores devem ter a capacidade de controlar um veículo a motor, pelo que os factores que afectam a consciência (por exemplo, convulsões, síncope, hipoglicemia e sonolência), a perceção (por exemplo acuidade visual e campo de visão), o funcionamento mental (p. ex., demência), a função neuromuscular e músculo-esquelética (p. ex., manipulação adequada dos comandos do veículo) e o comportamento (p. ex., autocontrolo e controlo dos impulsos) podem limitar a condução segura (Galski, Bruno, & Ehle, 1993). A conceção das estradas e outros factores ambientais também são vitais para melhorar a segurança da condução. A conceção adequada dos cruzamentos e entroncamentos (OMS, 2004b) (West Windsor Bicycle and Pedestrian Alliance, 2002) pode reduzir a gravidade dos potenciais conflitos entre veículos a motor, autocarros, camiões, bicicletas, peões e instalações, facilitando simultaneamente a conveniência, a facilidade e o conforto das pessoas que atravessam os cruzamentos (AASHTO, 2011). Assim, a identificação de qualquer intersecção real ou potencialmente problemática em termos de segurança deve ser feita de forma adequada para reduzir os riscos de acidente entre os utentes da estrada (MMUCC, 2012). Os factores de conceção do veículo, incluindo a iluminação, a travagem, o nível de velocidade, o interior, a manutenção e os factores de qualidade do ambiente (ou seja, congestionamento do tráfego, distância de viagem) são cruciais para garantir uma condução segura entre os utentes da estrada (AA1Car, 2003) (DOT, 2014) (van Schoor, van Niekerk, & Grobbelaar, 2001) (Publishing, 2015) (Assum, 1997) (Brundell-Freij & Ericsson, 2005).

3. DEBATE E CONCLUSÃO

O sector dos transportes destina-se à circulação de passageiros e mercadorias através de meios de transporte terrestres, aéreos e marítimos. O aumento do crescimento demográfico e a rápida urbanização são os principais factores que aumentam a propriedade e a mobilidade dos veículos, o que leva a emissões de CO_2 e de gases com efeito de estufa e ao consumo de fontes de energia. De facto, o aumento do rendimento pessoal permite a compra de mais do que um automóvel. Consequentemente, uma pessoa pode possuir dois ou três automóveis, o que aumenta indiretamente a quilometragem percorrida pelo veículo e, substancialmente, as emissões de CO_2 e de gases com efeito de estufa e o consumo de fontes de combustível. O número, a frequência e a duração das deslocações desempenham um papel fundamental na determinação da média de viagens de automóvel. Logicamente, quanto mais viajarmos, maior será o número de viagens efectuadas. Consequentemente, será consumido mais combustível. Atualmente, os custos inconsistentes ou flutuantes dos combustíveis são considerados o ponto-chave do aumento da procura de energia nos transportes, especialmente de gasolina (EIA, 1993) (USDOT, 1990) (Congress Office of Technology Assssment U.S., 1991).

É necessário um estudo mais aprofundado para investigar a tomada de decisão do condutor sobre o seu comportamento de deslocação ecológica. Essa investigação pode ajudar a compreender por que razão e como os condutores tomam a decisão de mudar o seu comportamento de viagem para um comportamento de viagem ecológico. Além disso, como estudo futuro, pode observar-se de que forma os sistemas inteligentes do veículo ajudam o condutor a cumprir as suas obrigações ecológicas.

REFERÊNCIAS

(ETSC), E. T. S. C. (2015). *Classificação dos progressos da UE em matéria de segurança rodoviária 2015*. Bruxelas.

Arnett, J. J. (1996). Sensation seeking, aggressiveness, and adolescent reckless behavior (Procura de sensações, agressividade e comportamento imprudente dos adolescentes). *Personality and Individual Differences, 20*(6), 693-702.

Arnett, J. J., Offer, D., & Fine, M. A. (1997). Reckless driving in adolescence: "State "and "trait "factors. *Accident Analysis & Prevention*, *29*(1), 57-63.

Assum, T. (1997). Atitudes e risco de acidentes rodoviários. *Accident Analysis & Prevention, 29*(2), 153-159.

Blows, S., Ameratunga, S., & Ivers, R. (2005). Hábitos de condução arriscados e lesões de condutores de veículos a motor. *Accident Analysis & ....* Recuperado de http://www.sciencedirect.com/science/article/pii/S0001457505000394

Blows, S., Ivers, R., & Connor, J. (2005). Não utilização do cinto de segurança e lesões em acidentes de viação: um estudo por entrevista. *Traffic Injury ...* Retrieved from http://www.tandfonline.com/doi/abs/10.1080/15389580590931572

Boriboonsomsin, K., Barth, M., & Vu, A. (2011). Avaliação do comportamento de condução e da atitude em relação à condução ecológica: um estudo de caso limitado no sul da Califórnia. *Registo de Investigação em Transportes: Journal of the Transportation Research Board*, (janeiro). Recuperado de

ftp://ftp.hsrc.unc.edu/pub/TRB2011/data/papers/11-0151.pdf

Brundell-Freij, K., & Ericsson, E. (2005). Influência das caraterísticas das ruas, da categoria do condutor e do desempenho do automóvel nos padrões de condução urbana. *Transportation Research Part D: Transport and Environment*, *10*(3), 213229.

Charlton, J., Oxley, J., Fildes, B., & Les, M. (2001). Comportamento autorregulador dos condutores mais velhos. *Road Safety Research, Policing ...* Retirado de http://acrs.org.au/files/arsrpe/RS010017.pdf

Clarke, D. D., Ward, P. J., & Jones, J. (1998). Overtaking road-accidents: Differences in manoeuvre as a function of driver age. *Accident Analysis & Prevention*, *30*(4), 455-467.

Clarke, D. D., Ward, P., & Truman, W. (2005). Voluntary risk taking and skill deficits in young driver accidents in the UK (Assunção voluntária de riscos e défices de competências em acidentes com jovens condutores no Reino Unido). *Accident Analysis & Prevention*, 37(3), 523-529.

Congresso dos Estados Unidos, Gabinete de Avaliação Tecnológica (1991). *Melhorar a economia de combustível dos automóveis: New Standards, New Approaches*.

Cotrell, V., & Wild, K. (1999). Longitudinal study of self-imposed driving restrictions and deficit awareness in patients with Alzheimer disease. *Alzheimer Disease & Associated Disorders*. Retrieved from http://journals.lww.com/alzheimerjournal/abstract/1999/07000/longitudinal_study_of_self_imposed_driving.7.aspx

Deffenbacher, J. L., Deffenbacher, D. M., Lynch, R. S., & Richards, T. L. (2003). Anger, aggression, and risky behavior: a comparison of high and low anger drivers. *Behaviour Research and Therapy*, *41*(6), 701-718.

Dey, P. P., Chandra, S., & Gangopadhaya, S. (2006). Speed Distribution Curves under Mixed Traffic Conditions (Curvas de distribuição de velocidade em condições de tráfego misto). *Journal of Transportation Engineering*. Recuperado de http://ascelibrary.org/doi/abs/10.1061/(ASCE)0733- 947X(2006)132:6(475)

Donorfio, L., & D'Ambrosio, L. (2009). Conduzir ou não conduzir, essa não é a questão - o significado da autorregulação entre os condutores mais velhos. *Jornal de Segurança* .. Retrieved from http://www.sciencedirect.com/science/article/pii/S0022437509000462

DriveCam. (2009). Drive Cam (FAQ). Recuperado em 22 de dezembro de 2015, de

http://www.local318uwua.com/local318 FAQs da DriveCam.pdf

AIA. (1993). Utilização de energia em veículos domésticos: Latest Data & Trends.

El-Shawarby, I., Ahn, K., & Rakha, H. (2005). Avaliação comparativa no terreno dos impactos da velocidade de cruzeiro do veículo e do nível de aceleração nas emissões estabilizadas a quente. *Transportation Research Part D: Transport and Environment*, *10* (1), 13-30. http://doi.org/10.1016Zj.trd.2004.09.002

Ericsson, E. (2000). Padrão de condução em áreas urbanas - análise descritiva e modelo de previsão inicial. *Boletim 185/3000*.

Ericsson, E. (2001). Factores independentes do padrão de condução e sua influência nos factores de utilização de combustível e de emissão de gases de escape. *Transportation Research Part D: Transport and Environment*, *6*(5), 325-345.

Comissão Europeia. (2004). *Ação de custos 329: Modelos para o desenvolvimento e as intervenções no domínio do tráfego e da segurança*.

Farlam, J. (2012). Os controlos de pé. Obtido em http://www.paulharmesdrivingschool.co.uk/uploads/1/8/0/7/18075757/2.foot_controls.pdf

Festa, E. K., Ott, B. R., Manning, K. J., Davis, J. D., & Heindel, W. C. (2013). Efeito do estado cognitivo no comportamento de condução auto-regulatório em adultos mais velhos Uma avaliação da condução naturalista usando gravações de vídeo no carro. *Jornal de Psiquiatria Geriátrica e Neurologia*, *26*(1), 10-18.

Fischer, S. (1995). Comparison of Global Warming Impacts ofautomobile AirConditioning automóvel. Obtido de

http://www.ornl.gov/sci/ees/etsd/btric/eere_research_reports/electrically_dri ven_heat_pumps/fluids_development/cfc_and_hcfc_replacements/1995_cfc _conf_fischer/1995_cfc_conf_fischer.pdf

Frey, H. C., Zhang, K., & Rouphail, N. M. (2008). Comparações de uso de combustível e emissões para rotas alternativas, hora do dia, grau da estrada e veículos com base em medições em uso. *Environmental Science & Technology*, *42*(7), 2483-2489.

Galski, T., Bruno, R., & Ehle, H. (1993). Previsão do desempenho de condução atrás do volante em pacientes com lesão cerebral: A discriminant function analysis. *American Journal of Occupational* .... Recuperado de http://ajot.aota.org/article.aspx?articleid=1872996

Gietelink, O., & Ploeg, J. (2006). Desenvolvimento de sistemas avançados de assistência ao condutor com simulações de hardware-in-the-loop de veículos. *Vehicle System* .... Recuperado de

http://www.tandfonline.com/doi/abs/10.1080/00423110600563338

Greenwood, I., Dunn, R., & Raine, R. (2007). Estimating the effects of traffic congestion on fuel consumption and vehicle emissions based on acceleration noise. *Journal of Transportation* . Retrieved from http://ascelibrary.org/doi/abs/10.1061/(ASCE)0733-947X(2007)133:2(96)

Harris, P., & Houston, J. (2010). Recklessness in context Individual and situational correlates to aggressive driving. *Environment and Behavior*. Recuperado de http://eab.sagepub.com/content/42/1/44.short

Hasan, T., Ahmed, I., & Al-Bar, H. O. (2014). Percepções dos motoristas sobre comportamentos de condução inseguros e suas contramedidas: Um estudo na Arábia Saudita. *Jurnal Teknologi*, *70*(4).

Hassan, S. A., Puan, O. C., Mashros, N., & Sukor, N. S. A. (2014). Factores que afectam o comportamento de ultrapassagem em estradas de faixa de rodagem única: Case Study at Jalan Kluang-Kulai. *Jurnal Teknologi*, *71*(3).

Hatfield, J., & Fernandes, R. (2009). O papel da propensão ao risco na condução arriscada dos condutores mais jovens. *Accident Analysis & Prevention*. Retirado de http://www.sciencedirect.com/science/article/pii/S0001457508001450

HERMANS, E., BRIJS, T., & WETS, G. (2008). Desenvolvimento de um quadro teórico para indicadores de desempenho da segurança rodoviária e de uma metodologia para a criação de um índice de desempenho. Retirado de http://doclib.uhasselt.be/dspace/handle/1942/10796

Hoglund, P., & Niittymaki, J. (1999). Estimating vehicle emissions and air pollution related to driving patterns and traffic calming. *Documento apresentado para a Conferência Urban ....* Recuperado de

http://www.tft.lth.se/fileadmin/tft/dok/KFBkonf/1HoglundNiitymeki.PDF

Honda. (2016). Honda. Recuperado de http://www.honda.com/

Hydén, C., & Vàrhelyi, A. (2000). Os efeitos na segurança, no consumo de tempo e no ambiente da utilização em grande escala de rotundas numa zona urbana: um estudo de caso. *Accident Analysis & Prevention*. Retirado de http://www.sciencedirect.com/science/article/pii/S0001457599000445

IAM, I. A. M. (2016). Engrenagens: Punho da alavanca de velocidades. Obtido em http://www.iam-bristol.org.uk/index.php?option=com_content&task=view&id=222&Itemid =1

Iddo Riemersma, P. M. (2012). Influência da resistência ao rolamento no CO2. *Conselho Internacional de Transportes Limpos, 2012, SÉRIE: Wo.*

Iversen, H. (2004). Risk-taking attitudes and risky driving behaviour. *Transportation Research Part F: Traffic Psychology and Behaviour*, *7*(3), 135-150.

Iversen, H., & Rundmo, T. (2002). Personality, risky driving and accident involvement among Norwegian drivers (Personalidade, condução de risco e envolvimento em acidentes entre condutores noruegueses). *Personality and Individual Differences*, *33*(8), 1251-1263. http://doi.org/10.1016/S0191-8869(02)00010-7

Joumard, R., Jost, P., & Hickman, J. (1995). Influence of Instantaneous Speed and Acceleration on Hot Passenger Car Emissions and Fuel Consumption. http://doi.org/10.4271/950928

Kowalski, K., Love, J., & Tuokko, H. (2012). The influence of cognitive impairment with no dementia on driving restriction and cessation in older adults. *Accident Analysis &* .... Recuperado de

http://www.sciencedirect.com/science/article/pii/S0001457511003150

Lee, J., Kim, J., Park, J., & Bae, C. (2012). Efeito do sistema de ar condicionado na economia de combustível num veículo com motor a gasolina. *Actas da Instituição de Engenheiros Mecânicos, Parte D: Journal of Automobile Engineering, 227*(1), 66-77. http://doi.org/10.1177/0954407012455973

Li, X., & Sun, J. (2014). Efeito das interações entre veículos e peões no consumo de combustível e nas emissões. *Physica A: Mecânica estatística e suas aplicações*. Recuperado de

http://www.sciencedirect.com/science/article/pii/S0378437114007869

M. Joint. (1995). Road Rage, Automobile Association, Londres.

Mazda. (2016). Mazda.

MMUCC, M. M. U. C. C. (2012). C16: Tipo de Intersecção. Recuperado de http://www.mmucc.us/

NHTSA, N. H. T. S. A. (2016). Impulsionar o desenvolvimento de automóveis mais seguros. Obtido de

http://www.safercar.gov/staticfiles/safetytech/st_landing_ca.htm

Nissan. (2016). Nissan.

Norris, F. H., Matthews, B. A., & Riad, J. K. (2000). Characterological, situational, and behavioral risk factors for motor vehicle accidents: a prospective examination. *Accident Analysis & Prevention*, *32*(4), 505-515.

OCDE, E. C. de M. de T. (2006). *Jovens condutores: o caminho para a segurança: O Caminho para a Segurança.*

Organização, W. H. (2013). Relatório global sobre a situação da segurança rodoviária. *Prevenção de lesões*, 318.

http://doi.org/http://www.who.int/violence_injury_prevention/road_safety_s tatus/2013/en/index.html

Schlesinger, L. (1972). Human factors in driver training and education (Factores humanos na formação e treino de condutores). *Human Factors in Highway Traffic Safety Research (Factores humanos na investigação sobre segurança rodoviária)* Obtido de

https://scholar.google.com/scholar?cluster=10136379467811190224&hl=en &as_sdt=2005&sciodt=0,5#0

Sargento Robert L. Hohn, A. D. da P. S. (2006). Condução agressiva e raiva na estrada: não são a mesma coisa. Recuperado de http://www.drivers.com/article/462/

Toyota. (2015). Site global da Toyota | Arquivo de tecnologia. Recuperado em 22 de dezembro de 2015, de http://www.toyota-

global.com/innovation/safety_technology/safety_technology/technology_fil e/active/lka.html

Transport Canada. (2011). *Controlo de velocidade de cruzeiro adaptativo*. Obtido em http://www.tc.gc.ca/eng/motorvehiclesafety/safevehicles-1175.htm

USDOT, D. de T. U. . (1990). Nationwide Personal Transportation Survey, Summary of Travel Trends.

Van Mierlo, J., Maggetto, G., Van de Burgwal, E., & Gense, R. (2004). Estilo de condução e medidas de tráfego - influência nas emissões dos veículos e no consumo de combustível. *Actas da Instituição de Engenheiros Mecânicos, Parte D: Journal of Automobile Engineering*, *218*(1), 43-50.

http://doi.org/10.1243/095440704322829155

Vardaki, S., & Yannis, G. (2013). Investigando o comportamento auto-relatado dos motoristas e suas atitudes em relação às violações de trânsito. *Journal of Safety Research*. Recuperado de http://www.sciencedirect.com/science/article/pii/S0022437513000200

Verwey, W. B., & Zaidel, D. M. (2000). Predicting drowsiness accidents from personal attributes, eye blinks and ongoing driving behaviour. *Personality and Individual Differences, 28*(1), 123-142.

Wackerbarth, S., & Johnson, M. (1999). Predictors of driving cessation, independent living, and power of attorney decisions by dementia patients and caregivers. *American Journal of Alzheimer's* .... Recuperado de

http://aja.sagepub.com/content/14/5/283.short

Weilenmann, M. F., Vasic, A. M., Stettler, P., & Novak, P. (2005). Influence of mobile air-conditioning on vehicle emissions and fuel consumption (Influência do ar condicionado móvel nas emissões dos veículos e no consumo de combustível): A model approach for modern gasoline cars used in Europe. *Environmental Science and Technology, 39*(24), 9601-9610. http://doi.org/10.1021/es050190j

West Windsor Bicycle and Pedestrian Alliance. (2002). Building a Bicycle and Pedestrian Friendly Community (Construir uma comunidade amiga das bicicletas e dos peões). Retirado de http://wwbpa.org/pedestrian-friendly/pedestrian-friendly-vehicle-speed/

WHO, W. H. O. (2004). *Relatório mundial sobre a prevenção de lesões causadas pelo tráfego rodoviário*. Obtido de

http://www.who.int/violence_injury_prevention/publications/road_traffic/world_report/speed_en.pdf

Capítulo 4 Modelo de Avaliação do Comportamento Adaptativo do Eco-Driver para o Desenvolvimento de Cidades com Baixo Consumo de Energia

Arezou Shafaghat, Ali Keyvanfar, Nurul Hidayah Binti Muslim, Mohammad Ismail, Muhd Zaimi Abd Majid

1. INTRODUÇÃO

Os transportes, enquanto principais contribuintes para o aumento das emissões de CO_2 e de gases com efeito de estufa (GEE), desempenham um papel significativo na I&D (Investigação e Desenvolvimento) "ecológica". O objetivo de redução das emissões de GEE é necessário na construção de um novo paradigma de desenvolvimento do crescimento dos transportes ecológicos (Lee et al., 2013). Para atingir este objetivo, é essencial criar técnicas inovadoras para reduzir drasticamente as emissões de GEE. Por conseguinte, os profissionais e as autoridades do sector dos transportes mudaram recentemente a sua abordagem para um transporte "verde", que conduz a um menor consumo de combustível e a menos emissões perigosas. Também integraram o conceito de "verde" em várias dimensões dos transportes, como o veículo verde, a autoestrada verde, a conceção verde orientada para o trânsito (TOD) e a condução ecológica.

No transporte rodoviário, há três factores fundamentais que influenciam o consumo de combustível dos veículos: o veículo, as condições de condução e as operações do condutor (Kolman, 2009). Em termos de operações do condutor, "a velocidade e a aceleração têm o maior impacto na economia de combustível do veículo e nas emissões do tubo de escape, tanto de poluentes como de gases com efeito de estufa (GEE)" (Barth e Boriboonsomsin, 2009). A aceleração/desaceleração provoca grandes congestionamentos que resultam num maior consumo de combustível e emissões poluentes por unidade de distância (Barth e Boriboonsomsin, 2009). De entre as dimensões ecológicas dos transportes mencionadas, a condução ecológica visa especificamente reduzir os efeitos negativos da utilização de combustível através de duas abordagens: uma prática de condução eficiente e a conceção de veículos energeticamente eficientes. A condução ecológica é definida como a alteração do comportamento do condutor para otimizar o consumo de combustível e reduzir as emissões (Kim et al., 2011, Barkenbus, 2010, Evans, 1979, Waters e Lakers, 1980, Green, 1985).

Na perspetiva de uma prática de condução eficiente, a condução ecológica é um potencial de formação para a poupança de combustível. Os estudos anteriores da Agência Internacional da Energia (AIE, 2009) [OCDE, 2010, Ando et al., 2010, Kolman, 2009, Bath e Boriboonsomsin, 2009, van der Voort et al., 2001] apresentaram várias quantidades de poupanças no consumo de combustível obtidas com a eco-condução e comunicaram os impactos a curto e médio prazo das iniciativas de formação em eco-condução. Imediatamente após a formação em condução ecológica, a eficiência média do combustível melhorou até 15% (IEA, 2009, Onoda, 2009). A longo prazo (ou seja, mais de um ano), foi mantida uma melhoria de cerca de 5% sem a utilização de sistemas de feedback, e foi alcançada uma melhoria de 10% com a utilização contínua de sistemas de feedback pós-formação (Tulusan, et al, 2012). Estudos empresariais realizados pela EcoDrive (2012) revelaram uma redução global do consumo de combustível de 6,1%, com menos 35% de acidentes de viação. Os condutores de automóveis da empresa alemã Hamburger Wasserwerke registaram uma redução de 6% no consumo de combustível e uma diminuição de 25% no número de acidentes de viação (EcoDrive, 2012). Recentemente, a Nissan desenvolveu o primeiro eco-pedal do mundo para reduzir consideravelmente o consumo de combustível em 5-10% (Nissan, 2008). Consecutivamente, espera-se que o potencial de poupança de combustível da condução ecológica se situe entre 10 e 30%, em média.

Na perspetiva da conceção de automóveis energeticamente eficientes, foram realizados poucos estudos sobre o efeito da conceção de automóveis ecológicos na condução sustentável (incluindo a condução ecológica, a condução social e a condução económica). Lee et al. (2010) afirmaram que a condução ecológica contribui em 64% para a poupança de combustível e dinheiro, 20% para um comportamento de condução mais seguro, 7% para custos de manutenção mais baixos, 4% para a proteção e preservação do ambiente e 5% para outros factores menores (Figura 1).

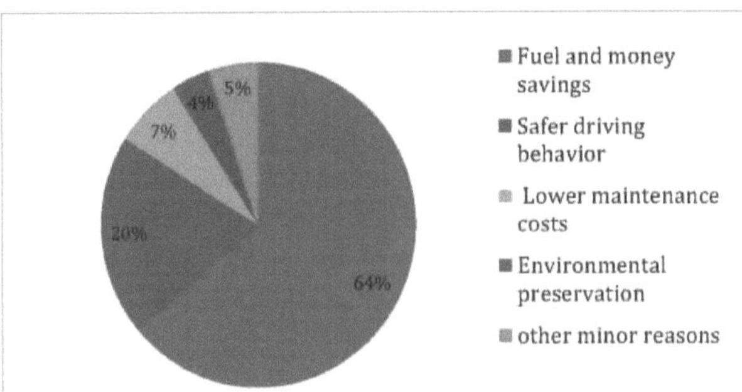

Figura 1. Impactos positivos da conceção de um veículo ecológico (Adotado de Lee et al., 2010)

Por outro lado, foram desenvolvidos a nível mundial vários sistemas de monitorização das emissões dos automóveis (como o Sistema Portátil de Monitorização das Emissões (PEMS)). Os sistemas de avaliação da condução ecológica foram desenvolvidos com base na avaliação do desempenho físico e mecânico do automóvel. No entanto, esses sistemas não envolvem os comportamentos e as reflexões do condutor na avaliação do desempenho do automóvel. Estes sistemas apresentam desvios elevados devido a muitos factores, como a interferência no estado do motor, as condições ambientais e o comportamento do condutor (Rouphail et al., 2001). Uma vez que os profissionais dos transportes estão a alertar para a necessidade de poupar muito mais combustível, é necessário desenvolver uma nova técnica para melhorar os actuais desempenhos de poupança de combustível dos sistemas de eco-diving.

2. NECESSIDADE DE PRATICAR A CONCEPÇÃO DE AUTOMÓVEIS ECOLÓGICOS

Prevê-se que o número de veículos triplique até ao ano 2050 em todo o mundo (World Hydrogen Energy, 2010). Devido ao aumento do número de veículos, o congestionamento do tráfego é testemunhado em todas as grandes cidades do mundo (Saboohi e Farzaneh, 2009). Nos automóveis e camiões, as emissões de poluentes como os hidrocarbonetos, o monóxido de carbono e os óxidos de azoto resultam de um processo de combustão incompleto (Cullinane e Edwards, 2010). Embora as regulamentações governamentais mais rigorosas e a melhoria da tecnologia tenham reduzido os níveis de gases emitidos, o potencial de poluição das emissões ambientais ainda é elevado (McKinnon, 2010, McKinnon et al., 2010a).

A crescente preocupação com as emissões de GEE e outras emissões perigosas e com a segurança energética levou a muitas declarações políticas na última década, como as normas LCFS (Low Carbon Fuel Standard) e CAFE (Corporate Average Fuel Economy). Por exemplo, a norma CAFE exige que todos os veículos produzidos entre 2012 e 2016 "melhorem a economia de combustível de toda a frota e reduzam as emissões de GEE de toda a frota em aproximadamente 5% por ano" (Departamento de Energia dos EUA, 2012).

Estas políticas e normas centram-se principalmente nos objectivos de redução dos gases com efeito de estufa e nos avanços na poupança de combustível. Na conceção de automóveis ecológicos, isto refere-se ao papel que os condutores de automóveis ecológicos podem desempenhar na poupança de energia se o seu comportamento de condução for modificado (Graham-Rowe et al., 2012, Ohta et al., 2013, Sioui et al., 2013). No entanto, na conceção de automóveis ecológicos, o papel principal do comportamento do condutor na redução do consumo de combustível e das emissões de gases com efeito de estufa é negligenciado.

3. A ASSOCIAÇÃO ENTRE O COMPORTAMENTO DO CONDUTOR ECOLÓGICO E A CONCEPÇÃO DE UM AUTOMÓVEL ENERGETICAMENTE EFICIENTE

Há provas que sugerem que é possível reduzir o consumo de energia através de uma abordagem de condução ecológica. No entanto, "não parece haver investigação substancial sobre a forma como mudanças comportamentais específicas podem levar a reduções mensuráveis nas emissões de GEE" (Markowitz e Doppelt, 2009). Muitos estudos descreveram factores sociais, psicológicos e estruturais que influenciam as mudanças nos modos de transporte (Bamberg, 2006; Graham-Row et al., 2011, Alam e McNabola, 2014), mas não conseguiram estabelecer a sua associação com as mudanças comportamentais do condutor.

No domínio da investigação sobre automóveis ecológicos, a associação entre a modificação do comportamento do condutor e a conceção de automóveis energeticamente eficientes não foi suficientemente investigada. Estudos anteriores investigaram a associação entre o comportamento do condutor e o consumo de combustível dos automóveis ecológicos no que respeita ao desempenho do automóvel e a questões de reflexão do condutor. Evans (1979) recomendou a melhoria da economia de combustível através do ajustamento do comportamento do condutor para seguir instruções específicas relativas à melhoria da economia de combustível, por exemplo, para minimizar o tempo de viagem; para evitar acelerações e desacelerações vigorosas; etc. Nam et al. (2002) e Zorrofi et al. (2009) afirmaram que existe uma forte correlação entre o comportamento de condução agressivo e o aumento das emissões de combustível. A exploração das capacidades máximas de aceleração do automóvel pode consumir até 60% mais combustível do que os níveis de aceleração suaves ou normais (El-Shawarby et al., 2007). A condução agressiva desperdiça 33% do consumo de combustível em autoestrada e 5% na cidade (El-Shawarby et al., 2007). Na condução em autoestrada, mais de 50% da energia necessária para mover o carro para baixo, o que resulta em velocidades superiores a 55 mph, diminui rapidamente a economia de combustível (El-Shawarby et al., 2011).

Alguns investigadores investigaram a associação entre o comportamento do condutor e o consumo de combustível dos automóveis ecológicos em escalas urbanas e de rua. Por exemplo, Ericsson (2000) estudou o impacto do comportamento do condutor, das condições de trânsito e do tipo de veículo no consumo de combustível e nas emissões. Ericsson (2000) afirmou que o tipo de rua tem a maior influência nas emissões de combustível, e o comportamento de aceleração agressiva do condutor vem em segundo lugar.

4. Condutores ecológicos Tipos de decisões associadas à conceção de automóveis ecológicos

Existem três tipos de decisões relativas às estratégias de melhoria da economia de combustível, a saber: decisões estratégicas, tácticas e operacionais.

As decisões estratégicas contribuem para a redução do impacto ambiental das deslocações (Sivak e Schoettle, 2012). Por exemplo, a manutenção da pressão ideal dos pneus e o sistema de controlo das emissões são as principais decisões estratégicas dos condutores, que podem causar até 40% das emissões dos veículos (An e Ross, 1996). De acordo com Sivak (2011), na decisão estratégica, o tipo de veículo tem um impacto maioritário (38%) na economia de combustível. O congestionamento na dimensão tática e a condução agressiva na dimensão operacional têm mais influência do que outros factores disponíveis (40% e 30%, respetivamente).

As decisões tácticas também podem limitar o impacto ambiental negativo das viagens. Algumas decisões tácticas são a escolha de veículos com motores mais pequenos (EPA, 2011), a escolha óptima do itinerário (Sivak e Schoettle, 2012), a redução da duração/tempo de viagem e a escolha da carga do veículo. De acordo com a EPA (2011), cada 45 kg extra de carga provoca um aumento de 2% no consumo de combustível. A escolha óptima da rota contribui para um aumento de 15 a 40% na economia de combustível (Sivak e Schoettle, 2012). A utilização de um sistema de navegação optimizado em termos de combustível pode melhorar este desempenho em 23% (Ahn e Rakha, 2008).

Como decisões operacionais, as mudanças no comportamento de viagem do condutor podem ser incorporadas nas decisões operacionais de um indivíduo como parte da condução ecológica, o que contribui para a redução do consumo de combustível e das emissões em 5-30% (Boriboonsomsin et al., 2010; Barkenbus, 2010; Yang et al., 2012, Sivak e Schoettle, 2012). A formação dos condutores para que tenham um estilo de condução mais gradual e suave é uma das decisões operacionais que contribuem para reduzir o consumo de combustível, em contraste com a condução agressiva, a aceleração brusca e a velocidade excessiva (Shaheen et al., 2011).

5. O PROBLEMA DA AVALIAÇÃO BASEADA NO CONDUTOR DO ECO-CAR

A contribuição dos automóveis ecológicos melhorados para a redução do consumo de combustível e das emissões de gases com efeito de estufa tem sido limitada. Os fabricantes de automóveis estão a contribuir para o esforço de condução ecológica, incluindo informações e instrumentos sobre a economia de combustível nos seus veículos.

Apesar das potencialidades da implementação da condução ecológica, existe um certo ceticismo em relação à mesma. De facto, a condução ecológica está orientada para a alteração do comportamento ecológico dos condutores, o que é uma tarefa difícil de enfrentar. O desafio atual é conseguir que os condutores adoptem as instruções de condução ecológica para pouparem combustível. É possível reduzir consideravelmente o consumo de combustível dos automóveis ecológicos através de formação a curto e longo prazo (Alexanderson, 2001; afWa°hlberg, 2002), ou simplesmente dizendo aos condutores para conduzirem de forma económica.

Embora algumas análises tenham demonstrado que o comportamento afecta a quantidade de gases de escape e o consumo de combustível (Ericsson, 2000; Johansson et al., 2003), poucos esforços foram feitos para determinar como o comportamento de condução pode ser modificado para produzir padrões de condução permanentemente melhorados (Larsson e Ericsson, 2009). Além disso, os modelos de assistência à condução ecológica existentes foram desenvolvidos com base em informações ligadas à estrada ou ao automóvel para oferecer um consumo de combustível ecológico (Boriboonsomsin e Barth, 2010). Estes modelos indicam que as emissões totais do automóvel se baseiam em dados históricos do tráfego rodoviário ou em factores de emissão médios para toda a frota automóvel (Boriboonsomsin e Barth, 2010). Os modelos de condução ecológica também foram desenvolvidos com base nas emissões médias de uma determinada ligação rodoviária (por exemplo, velocidade média da ligação ou fator de emissão médio) ou com base em ciclos de condução normais (Manzoni et al., 2011; Kang et al., 2011, CarbonDiem, 2012; Mensing, et al., 2014). De facto, estes modelos não podem envolver os comportamentos do condutor na estimativa do consumo de combustível. Por este motivo, estes modelos não conseguiram ajudar os condutores e os comportamentos de reflexão optimizados conduziram ao menor consumo de combustível.

De acordo com estudos anteriores sobre o comportamento do condutor de automóveis ecológicos, estão incluídos três grupos: Grupo 1) Comportamento em resposta a valores e crenças, Grupo 2) Comportamento em resposta a competências e capacidades e Grupo 3) Comportamento em resposta à qualidade ambiental do automóvel. No entanto, estes estudos ainda não investigaram a abordagem do comportamento "adaptativo" no estudo do comportamento do condutor ecológico. Não existe literatura disponível sobre a definição do comportamento adaptativo do condutor na conceção e desenvolvimento de automóveis ecológicos. No domínio da avaliação de edifícios sustentáveis, foram deduzidos três modos de comportamento de adaptação (Folk, 1981; de Dear; 2007, de Dear e Brager, 1997): (1) Adaptação tecnológica e pessoal (por exemplo, pessoal, ambiental, tecnológica ou cultural), (2) Adaptação fisiológica (por exemplo, adaptação genética ou aclimatação) e (3) Adaptação psicológica (por exemplo, habituação ou expetativa).

Os profissionais dos transportes precisam de saber como podem conseguir mudanças sustentáveis nos comportamentos ecológicos dos condutores. Ao mesmo tempo, os profissionais dos transportes precisam de conseguir uma maior poupança de combustível. Assim, a compreensão do impacto do comportamento adaptativo do condutor no desempenho dos automóveis ecológicos é uma nova abordagem que precisa de ser investigada. Em particular, a conceção do automóvel ecológico carece de uma avaliação do desempenho do automóvel ecológico baseada no condutor, com vista à redução do consumo de combustível.

6. DESENVOLVIMENTO DE UM MODELO DE AVALIAÇÃO DO COMPORTAMENTO ADAPTATIVO DA CONDUÇÃO ECOLÓGICA

De acordo com as questões e os problemas discutidos, é necessário compreender melhor a relação entre a modificação do comportamento adaptativo do condutor e as intervenções de conceção dos automóveis ecológicos. Com efeito, a compreensão dessa relação permitirá aos projectistas de automóveis ecológicos obter melhores desempenhos em matéria de condução ecológica. De facto, a captação da tendência do condutor para o seu comportamento adaptativo de condução ecológica e a alteração do seu comportamento de viagem ainda não surgiu nos estudos sobre a condução ecológica. O objetivo é obter a melhor solução para os desafios de compromisso entre o comportamento adaptativo do condutor, a sua satisfação em seguir as instruções do automóvel ecológico e, ao mesmo tempo, a poupança de combustível do automóvel. A presente investigação afirma que um modelo de avaliação integrado do comportamento adaptativo do condutor pode melhorar os actuais desempenhos da condução ecológica.

A presente investigação tem por objetivo integrar o domínio da avaliação da satisfação com a condução ecológica para conseguir uma redução mais considerável do consumo de combustível. A investigação planeia desenvolver o Modelo de Avaliação da Satisfação do Comportamento Adaptativo do Condutor Ecológico (EDAB) aplicável na conceção de automóveis ecológicos.

O modelo de avaliação EDAB investiga o estudo do tipo de comportamento adaptativo tecnológico e pessoal do condutor. Tendo em conta as definições anteriores de comportamento adaptativo, o modelo EDAB define-o como o comportamento de adaptação tecnológico e pessoal que exprime o ajustamento pessoal ou ambiental do condutor em resposta às seguintes condições do veículo:

- Funcionamento fora de horas dos sistemas de consumo de energia,
- Condições ambientais interiores ligeiramente incómodas.

As adaptações psicológicas e fisiológicas não foram abrangidas pelo modelo EDAB. A adaptação psicológica é dinâmica e não pode ser prevista com exatidão na fase de conceção do ciclo de vida do projeto. É óbvio que a adaptação "fisiológica" não pode ser prevista no projeto de eficiência energética.

O modelo EDAB planeou explorar o comportamento adaptativo dos condutores em duas categorias: auto-adaptação e adaptação ambiental. A categoria de auto-adaptação abrange os comportamentos que o condutor ecológico tem com base nos seus valores, crenças, competências e capacidades. A adaptação ambiental refere-se aos comportamentos adaptativos do condutor ecológico relativamente ao ajustamento ambiental do automóvel.

O modelo EDAB abrange diversos tipos de automóveis ecológicos, incluindo eléctricos, híbridos, biodiesel, hidrogénio e etanol. Além disso, o modelo EDAB abrange diversos tipos de decisões dos condutores (ou seja, decisões estratégicas, tácticas e operacionais) na avaliação dos automóveis ecológicos.

6.1. MODELO DE AVALIAÇÃO DO EDAB COMO FERRAMENTA DE APOIO À DECISÃO DE CONCEPÇÃO

Os projectistas de automóveis energeticamente eficientes, os projectistas de automóveis ecológicos, os investigadores e os investigadores em matéria de condução ecológica podem utilizar o modelo EDAB como ferramenta de apoio à decisão para a sua conceção atual e futura de automóveis ecológicos. Podem aplicar o modelo EDAB para captar o comportamento eco-adaptativo do condutor na redução do consumo de combustível. O EDAB permite-lhes comparar diferentes soluções ou otimizar os esboços e desenhos durante todo o processo de conceção, incluindo as fases iniciais de conceção ou pré-conceção. O modelo de avaliação EDAB é composto por três fases e envolve quatro sub-fases (Figura 2). A seguir, apresentam-se em pormenor cada uma das fases e subfases envolvidas.

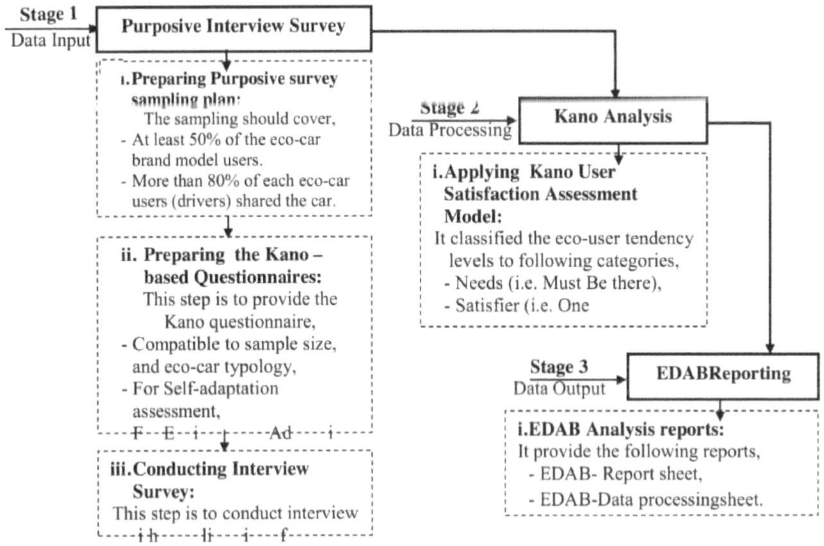

Figura 2: Quadro de análise da avaliação EDAB

Fase 1: Entrada de dados

O modelo EDAB pede aos utilizadores do modelo que realizem um inquérito por entrevista intencional nas duas subfases seguintes:

i. Preparação do plano de amostragem do inquérito intencional: Através da aplicação do método de amostragem intencional, as amostras serão os condutores diretos de automóveis ecológicos ou representantes do grupo de condutores de automóveis ecológicos. Pelo menos 50% dos utilizadores de modelos de marcas de eco-carros e mais de 80% dos utilizadores de cada eco-carro serão envolvidos como dimensão da amostragem.

ii. Realização do inquérito por entrevista: Os utilizadores do modelo EDAB realizarão entrevistas com uma amostra de condutores ecológicos, seguindo um plano de amostragem de inquérito intencional. O utilizador do modelo observará e registará a tendência do condutor de automóveis ecológicos para os seus comportamentos de adaptação à condução com a ajuda dos questionários baseados em Kano.

O modelo EDAB forneceu uma lista abrangente de comportamentos adaptativos do condutor ecológico em duas categorias: auto-adaptação e adaptação ao ambiente.

O modelo EDAB considerou duas variáveis de controlo na definição da lista de comportamentos adaptativos do condutor ecológico: as dimensões culturais e sociais do condutor e as atitudes e crenças do condutor.

- A categoria de auto-adaptação (ou seja, C1) consiste nos seguintes comportamentos adaptativos do condutor do automóvel ecológico (ou seja, c1 a c11), C1.c1. Planear com antecedência para evitar parar, C1.c2. Evitar travagens bruscas, C1.c3. Utilizar sistemas de navegação por satélite para encurtar o caminho para o destino, C1.c4. Utilizar o sistema de assistente de congestionamento, C1.c5. Utilizar o sistema inteligente de adaptação da velocidade, C1.c6. Não utilizar mais de meio acelerador, C1.c7. Não efetuar ultrapassagens desnecessárias, C1.c8. Fechar as janelas quando utilizar o ar condicionado, C1.c9. Fechar os vidros quando conduzir depressa, C1.c10. Remover os desvios excessivos se não for necessário transportar, C1.c11. Manter uma distância de segurança para reduzir a necessidade de condução em "stop-and-go".

- A categoria de adaptação ambiental (ou seja, C2) consiste nos seguintes comportamentos adaptativos do condutor do automóvel ecológico (ou seja, c1 a c9), C2.c1. Alterar a aceleração suave mas positiva no início de uma condução longa, C2.c2. Utilizar velocidades moderadas do motor e controlá-lo para velocidades estáveis, C2.c3. Utilizar o travão motor para uma desaceleração suave, C2.c4. Utilizar um acelerador uniforme quando tiver sido atingida uma velocidade desejável, C2.c5. Utilizar a mudança mais alta possível, se possível, C2.c6. Utilizar o travão motor em vez do pedal do travão, C2.c7. Mudar de velocidade antes das 3000 rpm, C2.c8. Desligar as luzes se não forem necessárias, C2.c9. Ligar o ar condicionado apenas se for realmente necessário.

Fase 2: Processamento de dados

O EDAB pede ao utilizador do modelo que transfira os dados recolhidos da folha EDABQuestionnaire para a folha EDAB-Data processing.

O modelo EDAB foi desenvolvido com base no método de "Medição da satisfação do utilizador com base na perceção", referindo-se à taxonomia dos modelos de análise do índice de satisfação do utilizador (Keyvanfar et al., 2014). Em particular, o modelo EDAB foi desenvolvido com base na subcategoria 'Experiência cognitiva' dos métodos de medição da satisfação do utilizador (Keyvanfar et al., 2014).

Com efeito, a avaliação baseada na experiência cognitiva tem sido raramente aplicada em abordagens de conceção de veículos ecológicos e de condução ecológica, embora seja adequada se o estudo tiver por objetivo desenvolver um modelo viável na fase de conceção de veículos ecológicos. A este respeito, existem dois tipos de investigação: o primeiro consiste em fazer um inquérito sobre a experiência cognitiva global dos utilizadores relativamente aos critérios de satisfação. Em segundo lugar, trata-se de obter o nível de satisfação dos utilizadores com base na experiência cognitiva sujeita a uma conceção específica. Existe apenas um modelo de análise do índice de satisfação do utilizador, denominado "Modelo Kano", que utiliza um inquérito para captar a experiência cognitiva global dos utilizadores em matéria de satisfação.

Noriaki Kano (1984) desenvolveu um "Modelo Kano" analítico. O modelo Kano é capaz de captar e avaliar a satisfação do utilizador relativamente à produção em ambas as fases de conceção e design.

O modelo Kano foi anteriormente utilizado em várias disciplinas, por exemplo, Zhang e von Dran (2001) e Lee et al. (2002) utilizaram-no na conceção de sítios Web. Além disso, Matzler-Hans e Hinterhuber (1998) aplicaram-no em estudos sobre a implementação da função qualidade. No entanto, o modelo Kano não foi aplicado na disciplina de conceção de automóveis ecológicos. Assim, o EDAB estruturou o seu modelo com base no modelo de Kano. Através da utilização do modelo de Kano, o AEDB classificou a tendência do condutor ecológico e os níveis de satisfação com base nos requisitos do utilizador em três categorias (Figura 3), incluindo Necessidades (ou seja, tem de existir), Satisfação (ou seja, unidimensional) e Felicidade (ou seja, atrativo) dos requisitos do utilizador.

- **Os requisitos "Necessidades" ou "Tem de existir"** são os requisitos que causam insatisfação se não forem considerados na conceção. Por outro lado, se o designer prometer a consideração deste tipo de requisitos na conceção, isso não resultará na criação de satisfação do utilizador. Os utilizadores consideram os requisitos "obrigatórios" como básicos, com base na sua experiência cognitiva.
- **Os requisitos "Satisfier" ou "unidimensionais"** são considerados a causa da satisfação e da insatisfação em função do nível funcional. Quanto mais elevado for o nível funcional, maior será o nível de satisfação do utilizador e vice-versa.
- **Os requisitos "felizes" ou "atractivos"** são também designados por "requisitos surpreendentes". Normalmente, estes requisitos não são esperados pelos utilizadores e, no processo Kano, o feedback é a satisfação "se existirem". Mas a eliminação não gera insatisfação em resposta.

O modelo Kano de medição da satisfação do utilizador e a abordagem de análise levarão o investigador a ter um instantâneo fiável da tendência atual, sendo que este instantâneo não é necessariamente válido durante um longo período de tempo.

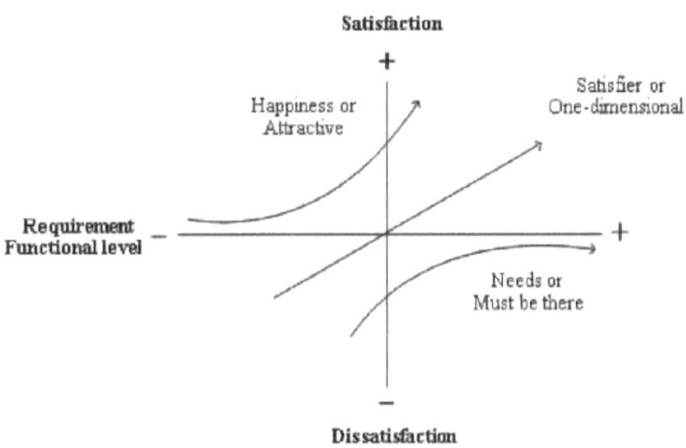

Figura 3: Modelo de Kano sobre a medição da satisfação do utilizador em três categorias de critérios de Necessidade (i.e. Deve existir), Satisfação (i.e. Unidimensional) e Felicidade (i.e. Atrativo) (Adotado de Kano et al., 1984; Cohen, 1995)

Na análise dos dados, devem ser considerados os seguintes resultados possíveis: Atrativo (abreviado como resultados A), Deve existir (abreviado como resultados M), Unidimensional (abreviado como resultados O), Indiferente (abreviado como resultados I), Invertido (abreviado como resultados R) e Questionável (abreviado como resultados Q). Os primeiros 3 já foram definidos acima, enquanto os últimos 3 são definidos da seguinte forma:

(i) **Indiferente:** Um utilizador também pode ser indiferente a um elemento de qualidade e seria representado aproximadamente ao longo do eixo horizontal. Ou seja, o utilizador não está satisfeito nem insatisfeito com o facto de o produto, serviço ou processo ser disfuncional ou totalmente funcional.

(ii) **Invertida:** O julgamento a priori de funcional e disfuncional foi o inverso do que o utilizador sente. Esta caraterística do produto, serviço ou processo não só não é "desejada" pelo utilizador, como este espera o contrário.

(iii) **Questionável:** Existe uma contradição nas respostas dos utilizadores às perguntas. As pontuações questionáveis significam que a pergunta foi formulada incorretamente ou que a pessoa entrevistada não compreendeu a pergunta ou riscou uma resposta errada por engano.

Seguem-se as fórmulas 1 a 3 para calcular os índices de satisfação dos utilizadores no modelo EDAB.

$$\text{Satisfaction Index of } a_i = \left(\frac{A+O}{A+O+M+I} \times 100\right) \quad (1)$$

$$\text{Dissatisfaction Index of } a_i = \left(\frac{M+O}{A+O+M+I} \times 100\right) \quad (2)$$

*Onde, ' a_i ', é 'a' o requisito de conceção em que 'V é o número de ordem dado, **'A'**, refere-se ao número de respostas que correspondem à classe de requisitos Atractivos,*

***"M"**, refere-se ao número de respostas que correspondem à classe de requisitos "Must-be there",*

***"O"** refere-se ao número de respostas que correspondem à classe de requisitos unidimensionais,*

***I"** refere-se ao número de respostas que correspondem à classe de requisitos Indiferente.*

$$\textbf{Important Index of } a_i = (\textstyle\sum \textbf{Important level} \times \mathbf{10}) / \mathbf{n} \quad (3)$$

*Em que **"n"** se refere ao número de respostas para a letra "i" do requisito de conceção.*

Fase 3: Saída de dados

O EDAB apresenta os relatórios "EDAB-Report sheet" e "EDAB data processing sheet". A Figura 4 apresenta uma amostra do relatório EDAB. Com base no relatório, é possível observar que um determinado fator de comportamento adaptativo obtém um índice de satisfação mais elevado. Com base nisto, o projetista pode tomar a decisão de considerar esse fator de comportamento adaptativo na conceção do veículo ecológico. Na utilização da tabela de resultados do EDAB, os projectistas de automóveis ecológicos, os projectistas de automóveis energeticamente eficientes e os profissionais da condução ecológica podem utilizar os resultados como informação de apoio na sua tomada de decisões sobre a conceção de automóveis ecológicos.

Na utilização da página de resultados do software EDAB (Figura 4-a):

1) Os projectistas de automóveis ecológicos podem utilizar o diagrama de gráficos na avaliação da classificação dos factores de comportamento adaptativo dos automóveis ecológicos (ver lado esquerdo da Figura 4).

2) Os projectistas de automóveis ecológicos podem ver a classificação de factores baseada em Kano no quadro "Classificação de Kano" (ver lado direito da Figura 4).

3) A interpretação visual dos dados é apresentada através da utilização de um gráfico de dispersão (ver centro da Figura 4). Esta imagem pode ser comparada com o diagrama de Kano para identificar a categoria de satisfação do fator com base na zona em que o fator está localizado.

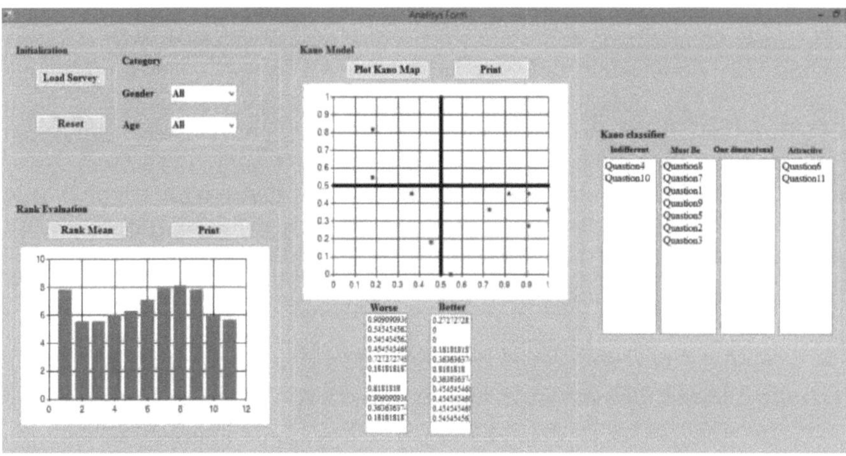

Figura 4: Exemplo de resultados apresentados na folha de relatório do modelo de software EDAB desenvolvido

1.2. VALIDAÇÃO DO MODELO EDAB

A investigação foi conduzida através de um estudo de input do utilizador para obter a validação do modelo EDAB desenvolvido. Foi utilizada a discussão em grupo estruturada Delphi como método de recolha de dados na análise futurista. O método Delphi é o método de tomada de decisões em grupo mais aplicável (Green et al., 2007, Ozer, 2007). Além disso, o Delphi é capaz de abranger a tomada de decisões de "seleção não alternativa", que pode instruir o DGC. Foi concebido um questionário estruturado de formato fixo para ser preenchido nas entrevistas. Com base no método de amostragem intencional, foram convidados para a entrevista cinco (5) peritos em transportes que praticam a conceção de automóveis energeticamente eficientes.

Através do questionário de entrevista, o investigador registou a perceção dos utilizadores sobre a viabilidade global de cada fase do modelo de avaliação EDAB. Os critérios de viabilidade global incluíam aspectos técnicos, operacionais e económicos, como se explica a seguir;

- **Aspeto técnico:** Refere-se à observação em que a fase era tecnicamente viável para os utilizadores e estes não se depararam com o problema da falta de tecnologia e conhecimentos necessários para a realizar,

- **Aspeto operacional:** Refere-se à observação em que a fase era operacionalmente viável para os utilizadores e em que estes não se depararam com o problema da falta de recursos (por exemplo, dados e inquiridos) ou problemas (por exemplo, problemas linguísticos na folha dos questionários) para a realizar, e,

- **Aspeto económico:** Refere-se à observação em que a fase era economicamente viável para os utilizadores e estes não se depararam com o problema da falta de recursos monetários inesperados (por exemplo, custo dos dados).

Os contributos dos utilizadores foram recolhidos com base numa escala de Likert de 5 pontos, em que 1 se refere a fraco e 5 a excelente. A análise dos dados dos contributos dos utilizadores foi efectuada utilizando o método da soma ponderada (WSM). Como um método bem conhecido de otimização de objetivo único, o Método da Soma Ponderada (WSM) foi utilizado nesta investigação. Fishburn (1967) sugeriu que o WSM é uma forma simples de converter a otimização multi-objetivo numa otimização de objetivo único. O WSM é famoso pela seleção de alternativas. Marler e Arora (2010) afirmaram que o WSM funciona bem ao multiplicar cada objetivo por um peso dado pelo utilizador. O WSM é utilizado neste estudo como uma abordagem de seleção não alternativa. A fórmula WSM 4 é utilizada no procedimento de cálculo;

$$WSM(a_i) = (\sum_{j=1}^{n} w_j)\, a_i, for\ i = 1,2,3, \dots, m(4)$$

Onde,

"w_j", refere-se ao peso atribuído pelo decisor na discussão em grupo fechado para a sub-questão de discussão pelos participantes número "j

" a_i ", é um sub-assunto de discussão com o número de ordem "i",

A fórmula 5 indica o cálculo do consenso. O consenso é aceite se for observada uma saturação superior a 70% na opinião dos peritos.

$$WSM(a_i)\ /\ WSM(a)_{max} = \text{Consensus in \% (5)}$$

Onde,

$WSMQa)_{max}$, refere-se à soma máxima da ponderação possível que pode ser atribuída a uma subquestão

1.3. RESULTADOS DO MODELO DE AVALIAÇÃO DO EDAB VALIDAÇÃO

O WSM resultou em 70% de saturação para a viabilidade de cada um dos aspectos validados. Portanto, a análise foi satisfatória para o pesquisador. A recolha de dados do WSM e a análise da validação são apresentadas na Tabela 1. A partir da coluna de consenso da Tabela 1, pode observar-se que a viabilidade do modelo de avaliação EDAB é validada por uma taxa superior a 70%. Esta taxa de consenso é bastante aceitável no procedimento Delphi de tomada de decisões. Com base nos dados apresentados pelos utilizadores, estes validaram a viabilidade global das fases do modelo AEDB e a viabilidade dos resultados do modelo a aplicar na fase de conceção do desenvolvimento de automóveis ecológicos. De facto, a fase de estudo dos contributos dos utilizadores obtém a validação preliminar dos utilizadores do quadro

Quadro 1: Processo de análise WSM na validação da viabilidade global do modelo EDAB

Aspeto da validação na viabilidade global do modelo		W_1	W_2	W_3	W_4	W_5	$LSM(a_i)$	$LMF\ (a)_{max}$	*Contras.* %
Fase 1: Entrada de dados	Preparação do plano de amostragem do inquérito	5	5	5	5	5	25	25	100
	Condução da entrevista	4	3	5	3	3	18	25	72
Fase 2: Processamento de dados	Realização da análise Kano	5	5	4	5	5	24	25	96
Fase 3: Saída de dados	Preparação dos resultados do EDAB	5	5	5	4	4	23	25	92
Significativo do resultado do quadro		4	4	4	3	5	20	25	80

Nota . **Cons.:** refere-se ao consenso calculado com base na fórmula (5).

7. DISCUSSÃO

Poucos estudos foram efectuados anteriormente sobre o impacto do comportamento do condutor (que é a maior fonte de variação do consumo de combustível) no consumo de combustível dos automóveis. Existem algumas instruções de condução ecológica que os condutores são treinados para seguir na sua condução. No entanto, não ficou claro como é que o comportamento do condutor pode melhorar o atual consumo médio de combustível. Assim, para manter o desempenho dos automóveis ecológicos, é necessário um modelo de avaliação preciso para analisar a conceção dos automóveis ecológicos em associação com o comportamento adaptativo do condutor. A utilização desse modelo de avaliação contribui também significativamente para a poupança de combustível.

O modelo EDAB fornece um índice de análise para os projectistas de automóveis ecológicos e os profissionais da condução ecológica avaliarem a conceção de automóveis ecológicos com base nos comportamentos adaptativos dos condutores. O modelo EDAB avalia a satisfação e a tendência dos utilizadores relativamente à qualidade do interior do automóvel e à qualidade mecânica do automóvel, o que proporciona aos condutores condições mais confortáveis e seguras. A utilização do modelo EDAB proporciona um equilíbrio entre a qualidade do ambiente interior do automóvel e o comportamento e satisfação dos seus utilizadores relativamente à eficiência energética. Além disso, o modelo EDAB abrange ambas as fases da atividade e dos comportamentos dos condutores, antes da viagem e depois da viagem, que foram identificadas pela IRU (2011).

De facto, a tomada de decisões para a conceção de automóveis ecológicos sustentáveis está sujeita a vários critérios de tomada de decisões. Todos os índices de satisfação do comportamento adaptativo ou outros conceitos relacionados com a conceção constituem informação de apoio na seleção dos factores de conceção. O resultado da tomada de decisão pode ser acumulado como uma base de dados abrangente. Uma vez que esta investigação é fundamental para o índice linear final (ou seja, unidimensional), será seguida numa investigação futura.

8. CONCLUSÃO E RECOMENDAÇÕES

O estudo da literatura indicou a importância desta investigação e também confirmou que os esforços anteriores a favor do desenvolvimento do modelo EDAB não foram suficientes. Através de uma revisão crítica da literatura, a investigação identificou uma lista de comportamentos adaptativos do condutor ecológico dentro das categorias. A categoria de auto-adaptação consiste em onze (11) factores de comportamento adaptativo do condutor de automóveis ecológicos e a categoria de adaptação ao ambiente inclui nove (9) factores.

A investigação desenvolveu o modelo de avaliação EDAB que envolveu três fases e algumas sub-fases. Para validar a viabilidade global do EDAB desenvolvido, foi realizado um estudo sobre a contribuição dos utilizadores. Como resultado, o estudo de entrada do utilizador validou de forma abrangente o Modelo de Avaliação do Comportamento Adaptativo do Condutor Ecológico (EDAB) desenvolvido para a Conceção de Automóveis Energeticamente Eficientes. Os autores planeiam apresentar a aplicação do EDAB num estudo de caso como trabalho futuro. Além disso, com base na implementação deste modelo em diferentes marcas e modelos de automóveis ecológicos, os profissionais podem criar uma base de dados abrangente. Isto ajudará os profissionais na avaliação comparativa para projectos futuros.

Os utilizadores do modelo EDAB são profissionais dos transportes e autoridades que praticam transportes "verdes". Este modelo é especificamente recomendado para os projectistas de automóveis ecológicos e para os profissionais da condução ecológica que procuram reduzir o consumo de combustível e as emissões perigosas. O EDAB permite-lhes comparar diferentes soluções ou otimizar os esboços e desenhos durante todo o processo de conceção de um automóvel ecológico, incluindo as fases iniciais de conceção ou pré-conceção. Isto destina-se a garantir a consideração da satisfação do utilizador a partir do comportamento adaptativo na conceção de automóveis ecológicos, o que confirma a sustentabilidade social do desenvolvimento de automóveis energeticamente eficientes. A existência de satisfação social também reduz o risco de investimento volátil, bem como a competitividade futura do fabrico de automóveis ecológicos no mercado. Além disso, com base na aplicação deste modelo em diferentes marcas e modelos de automóveis ecológicos, os profissionais podem criar uma base de dados abrangente. Isto ajudará os profissionais a avaliarem o desempenho de futuros projectos.

REFERÊNCIAS

Lee D.H., Park S.Y., Chul Hong J., Choi S.J., Kim J.W., 2013, Analysis of the energy and environmental effects of green car deployment by an integrating energy system model with a forecasting model, Applied Energy 103 (2013) 306-316

Kolman, D. A. (2009). Condução ecológica: Técnicas simples para poupanças operacionais. Refrigerated Transporter , 22-23.

Barth, M., Boriboonsomsin, K. (2009).Impactos na energia e nas emissões de uma dinâmica baseada em auto-estradas.Transportation Research, 400-410.

Kim, S.H., Heramb Dandekar, Edgar Camez e Heather Harrelson. 2011. Assessing the Effect of a Power-Flow Gauge on Driving Behaviors Affecting Energy Consumption [Avaliação do Efeito de um Medidor de Fluxo de Potência nos Comportamentos de Condução que Afectam o Consumo de Energia]. Interação Homem-Computador. Towards Mobile and Intelligent Interaction Environments [Em direção a ambientes de interação móveis e inteligentes]: 411-417.

Barkenbus, Jack N. 2010. Eco-Driving: An Overlooked Climate Change Initiative [Uma Iniciativa de Mudança Climática Negligenciada]. Política Energética 38 (2): 762-769.

Evans, L. 1979. Efeitos do comportamento do condutor no consumo de combustível em condução urbana. Human Factors 21 (4): 389-398.

Waters, M.H.L., e I.B. Lakers. 1980. Research on Fuel Conservation For Cars (Investigação sobre conservação de combustível para automóveis). Transport Research Laboratory.

Greene, D. 1985. Formação de Consciência sobre Conservação de Energia para Motoristas: Review & Recommendations for a National Probram.

Tulusan J., Staake, T., Fleisch E, 2012, Providing eco-driving feedback to corporate car drivers: what impact does a smartphone application have on their fuel efficiency?, Proceeding of UbiComp , September , Pittsburgh, USA,

Ando, R., Nishihori, Y. e Kachi, N. (2011). Podem as técnicas de condução ecológica tornar a condução mais económica e ecológica? Actas do 18.°Congresso Mundial de ITS, Documento Científico, 1-12.

OCDE. (2010). Globalização, Transportes e Ambiente. www.oecd.org.

van der Voort, M., Dougherty, M.S., van Maarseveen, M., 20 01. Um protótipo de ferramenta de apoio à eficiência do combustível. Transportation Research Part C 9, 279 e296.

ECODRIVE. 2012. Eco-driving Europe. Disponível: http://www.aatas.com/files/eco_driving.pdf [Acedido em abril de 2014].

Nissan. 2008, Primeiro Pedal Ecológico do Mundo Ajuda a Reduzir o Consumo de Combustível. Recuperado em 29 de maio de 2011, de nissan-global: http://www.nissan global.com/EN/NEWS/2008/_STORY/080804-02-e.html

Rouphail, N. M., Frey, H. C., Unal, J. D., 2001, Vehicle Emissions and Traffic Measures: Exploratory Analysis of Field Observations at Signalized Arterials. Reunião anual do Transportation Research Board. Washington D.C.: Transportation Research Board.

Conferência Mundial sobre a Energia do Hidrogénio e Joan Ogden. Energia do hidrogénio, 2010, em Weinheim.

Saboohi Y., Farzaneh H., 2009, Model for developing an eco-driving strategy of a passenger vehicle based on the least fuel consumption, Applied Energy, 86, 1925-1932.

Cullinane, S., e Edwards, J. (2010). Avaliar os impactos ambientais do transporte de mercadorias. Em A. McKinnon, S. Cullinane, M. Browne, & A. Whiteing, Green Logistics: Improving the environmental sustainability of logistics (31-48). Londres, Filadélfia, Nova Deli: Kogan Page Limited.

McKinnon, A. (2010). Aumentar a eficiência do combustível no sector do transporte rodoviário de mercadorias. Em A. McKinnon, S. Cullinane, M. Browne, & A. Whiteing, Green Logistics (pp. 229-241). Londres, Filadélfia, Nova Delhi: Kogan Page Limited.

McKinnon, A., Allen, J., & Woodburn, A. (2010). Desenvolvimento de veículos, aeronaves e navios mais ecológicos. Em A. McKinnon, S. Cullinane, M. Browne, & A. Whiteing, Green Logistics: Improving the environmental sustainability of logistics (Melhorar a sustentabilidade ambiental da logística) (pp. 140-166). Londres, Filadélfia, Nova Deli: Kogan Page Limited.

Departamento de Energia dos EUA. Normas de Economia de Combustível de Veículos e Emissões de Gases com Efeito de Estufa 2012. Disponível em

http://www.afdc.energy.gov/laws/law/US/385.

Ohta H., Fujii S., Nishimura Y., Kozuka M., 2013, Analysis of the Acceptance of Carsharing and Eco-Cars in Japan, International Journal of Sustainable, Transportation, 7:6, 449-467, DOI: 10.1080/15568318.2012.688092

Sioui L, Morency C., Trépanier M., 2013, How Carsharing Affects the Travel Behavior of Households: A Case Study of Montréal, Canada, International Journal of Sustainable Transportation, 7:1, 52-69, DOI: 10.1080/15568318.2012.660109

Markowitz E.M., Doppelt B., 2009, Reducing Greenhouse Gas Emissions Through Behavioral Change , An Assessment of Past Research On Energy Use, Transportation and Water Consumption, Climate Leadership Initiative, Institute for a Sustainable Environment

Alam M.S., McNabola A., 2014, A critical review and assessment of EcoDriving policy & technology: Benefits & limitations, Transport Policy, 35, 42-49.

Bamberg, S., 2006. Uma mudança de residência é uma boa oportunidade para alterar o comportamento de deslocação das pessoas? Environment and Behaviour 38 (6), 820-840.

Graham-Rowe E., Skippon S., Gardner B., Abraham Ch., 2011, Can we reduce car use and, if so, how? A review of available evidence. Transportation Research Part A, 45, 401-418.

Evans, L. (1979). Efeitos do comportamento de condução no consumo de combustível em condução urbana. Human factors: The Journal of the Human Factors and

Ergonomics Society 1979 21:389.

Nam, E. K., Gierczak, C. A., Butler, J. W. (2002). A comparison of real-world and modeled emissions under conditions of variable driver aggressiveness.TRB 2003 Annual Meeting. Washington, D.C.

Zorrofi, S., Filizadeh, S., Zanetel, P. (2009). "A Simulation Study of the Impact of Driving Patterns and Driver Behavior on Fuel Economy of Hybrid Transit Buses" Vehicle Power and Propulsion Conference, 2009.VPPC '09. IEEE. 572 - 577.

El-Shawarby I., Rakha H., Amer A., McGhee C., 2011, Impact of Driver and Surrounding Traffic on Vehicle Deceleration Behavior at Onset of Yellow Indication, Transportation Research Record: Journal of the Transportation Research Board, 2248, 10-20. DOI: 10.3141/2248-02

El-Shawarby I., Rakha H., Inman V.W., Dav G.W., 2007, Evaluation of Driver Deceleration Behavior at Signalized Intersections, Transportation Research Record: Jornal do Conselho de Pesquisa em Transporte, 2018, 29-35. DOI: 10.3141/2018-05

Ericsson, E. (2000). Variabilidade das emissões de gases de escape e do consumo de combustível em condução urbana. Urban Transport Systems. Actas da 2ª Conferência de Investigação do KFB em Lund, Suécia, 7-8 de junho de 1999.

Sivak, M., Schoettle, B. (2012).Eco-driving: Decisões estratégicas, tácticas e operacionais do condutor que influenciam a economia de combustível do veículo. Transport Policy. 22, 96 - 99.

An, F., Ross, M., 1996. Um modelo físico simples para emissões de enriquecimento de alta potência, Air Waste Manag. Assoc. 46, 216 - 223.

EPA , 2011. Driving more ef ficiently, disponível em:

http://www.fueleconomy.gov/feg/drivehabits.shtml, (acedido em abril de 2014).

Boriboonsomsin, K., Vu, A., Barth, M., 2010. Eco-Driving: avaliação piloto das mudanças de comportamento de condução entre os condutores dos EUA. UCTC-FR-2010 - 2020.

Barkenbus, J.N., 2010. Condução ecológica: An overlected climate change initiative. Energy Pol. 38, 762 - 769.

Shaheen, S.A., Martin, E.W. Finson, R.S., 2011. Compreender como a educação pública EcoDriving pode resultar na redução do consumo de combustível e das emissões de gases com efeito de estufa, 2012. In: Documento apresentado na reunião anual do Transportation Research Board.

Alexanderson, J., 2001. EcoDriving. Relatório final EcoDriving 1999-2000. EcoDriving International [EcoDriving. Relatório final EcoDriving 1999-2000].

af Wa°hlberg, A.E., 2002. Formação em condução eficiente em termos de combustível - estado da arte e quantificação dos efeitos. In: E141 Proceedings of Soric'02. Disponível em /www.psyk.uu.se/hemsidor/busdriver/index.htmS .

Johansson, H., Gustafsson, P., Henke, M., Rosengren, M., 2003.Impact of ecodriving on emissions. In: Actas do 12º Simpósio, Conferência sobre Transportes e Poluição Atmosférica, Avignon.

Ericsson, E., Larsson, H., Brundell-Freij, K., 2006. Otimização da escolha do itinerário para um menor consumo de combustível - efeitos potenciais de uma nova ferramenta de apoio ao condutor. Transportation Research Part C 14, 369-383.

Boriboonsomsin, K., Vu, A ., Barth, M., 2010. Eco-Driving: avaliação piloto das mudanças de comportamento de condução entre os condutores dos EUA. UCTC-FR-2010 - 2020

Manzoni, V., Manilo, D., Kloeckl, K., Ratti, C., 2011. Identificação do modo de transporte e estimativa das emissões de CO2 em tempo real utilizando Smartphones: how CO2 GOwork s (Relatório Técnico). Politécnico de Milão, SENSEable City Lab, MIT e Dipartimento di Elettronica e Informazione, Milão, Itália.

Kang, J., Ma, T., Ma, F., Huang, J., 2011. Modelo de emissões baseado em ligações para o eco-roteamento. In: Paper apresentado na 11ª Conferência Internacional sobre Telecomunicações ITS.

CarbonDiem, 2012. O que é CarbonDiem?, Disponível em: http://www.carbondiem.com/carbondiem.xhtml;jsessionid

=958E56D6A7260 6F1FEE3A2D28A6BB39B (acedido em abril de 2013).

Mensing, F., Bideaux, E., Trigui, R., Ribet, J., Jeanneret, B., 2014. Eco-driving: um estilo de condução económico ou ecológico? Transp. Res. Part C 38, 110 - 121.

Folk G E. Climatic change and acclimatization. Bioengineering, Thermal Physiology and Comfort, Eds., Cena, K., and JA Clark. Amesterdão, Elsevier;1981: 157-168.

de Dear RJ. 2007, Adaptive comfort applications in Australia and impacts on building energy consumption. Actas da Sexta Conferência Internacional sobre Qualidade do Ar Interior, Ventilação e Conservação de Energia em Edifícios: Ambiente Construído Sustentável, Sendai, Japão.

de Dear RJ, Brager GS. 1997, Developing an adaptive model of thermal comfort and preference (Desenvolvimento de um modelo adaptativo de conforto térmico e preferência). ASHRAE Transactions:104(1a):145-167.

Keyvanfar A, Shafaghat A, Abd Majid MZ, Lamit H, , Ali KH N, Ahmad MH, Hussin MW, 2014, Applicable User Satisfaction Index Analysis Model for Measuring User Satisfaction from Adaptive Behavior in Energy Efficient Buildings, User Satisfaction Adaptive Behavior Criteria for Assessing Energy Efficient Building Indoor Cooling and Lighting Qualities, Renewable and Sustainable Energy Reviews, em curso.

Kano, N., Nobuhiku, S., Takahashi, F., e Tsuji, Sh. (1984).Attractive quality and must-be quality (em japonês). Journal of the Japanese Society for Quality Control, 14(2):39-48.

Zhang P. e von Dran G. (2001). Expectativas e classificações das caraterísticas de qualidade dos sítios Web, resultados de dois estudos sobre as percepções dos utilizadores, ciências do sistema. Actas da 34ª edição anual das Conferências

Internacionais do Havai-2001.

MatzlerHans K. , e Hinterhuber, H. (1998). How 10 make product development projects more successful by integrating Kana's model of customer satisfaction into quality function deployment, Technovation, 18(1):25-38.

Cohen, L. (1995). Quality Function Deployment: How to Make QFD Work for You. (1 edição), Prentice Hall.

Green, S.D., e Moss, G.W. (1998). Gestão do valor e avaliação pós-ocupação: fechar o ciclo. Facilities, 16(1):34-39.

Ozer, I. (2007). Métodos de tomada de decisão em grupo com múltiplos critérios usando AHP e sistemas integrados de apoio à decisão baseados na web. Masters Abstracts International. 46(3):168-180.

Fishburn, P.C. (1967). Additive Utilities with Incomplete Product Set: Applications to Priorities and Assignments, Publicação da Sociedade de Investigação Operacional da América (ORSA), Baltimore, MD.

Marler, R.T., Arora, J.S. (2010). O método da soma ponderada para otimização multi-objetivo: novas perspectivas. Otimização Estrutural e Multidisciplinar, 41(6):853-862.

IRU. (2011). Livraria da IRU. Recuperado em 20 de julho de 2011, de International Road Transport Rodoviário:

http://www.iru.org/en_bookshop_item?_rewrite_sticky=bookshop-display-action&id=247

Capítulo 5 Modelo do Índice de Avaliação da Ciclabilidade da Via (PACEX) para a Conceção e Desenvolvimento de Ruas com Baixas Emissões: Estudo de caso de Doha-Qatar

Mohammed Salim Ferwati, Arezou Shafaghat, Ali Keyvanfar

1. INTRODUÇÃO

Os transportes são o principal contribuinte para o aumento constante das emissões de CO2 e de gases com efeito de estufa (GEE) em todas as grandes cidades do mundo. A AIE (2004) refere que os transportes representam quase 70% do consumo global de energia, produzem quase 70% das emissões de GEE e são responsáveis por 23% de todas as emissões de CO2 relacionadas com a energia. Os transportes (21%), depois do sector da produção de energia (42%), são o principal contribuinte para a redução das emissões de CO2 (no cenário de 2°C) no mundo (Figura 6-b), seguidos da indústria (18%) e da construção (12%) (Figura 1-a). Prevê-se que o número de veículos triplique até ao ano 2050 em todo o mundo (World Hydrogen Energy, 2010). De acordo com a EIA (2013), "os países precisam de reduzir as emissões globais de CO2 em pelo menos 40% entre 2005 e 2020". A figura 1-b mostra a projeção do consumo mundial de combustíveis no período de 1900 a 2050 (The cultural Economist Data from British Petroleum, 2014). Esta figura revela uma tendência mais rápida no consumo mundial de combustível per capita do que no crescimento da população.

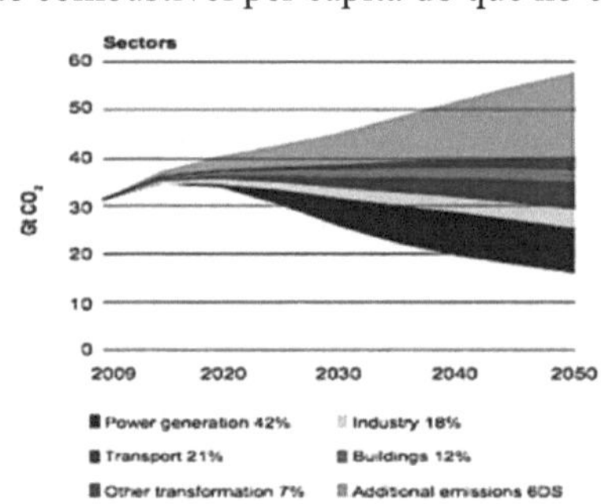

Figura l-a: Contribuições globais para a redução das emissões de CO_2no cenário 2^0C, por sector (Fonte: Energy Technology Perspectives, 2012)

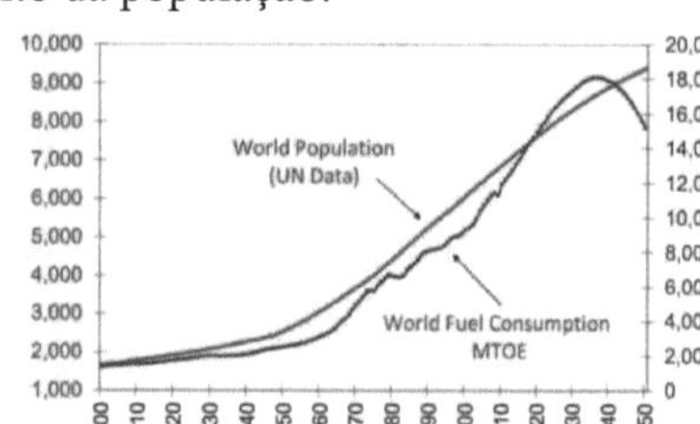

Figura 1-b: Consumo Mundial de Combustível e População, 1900-2050 (Fonte: The cultural Economist Dados de
British Petroleum, 2014)

A crescente preocupação com as emissões dos transportes e a segurança energética levou a muitas declarações políticas e técnicas inovadoras ao longo da última década (Mikalsen et al., 2009). Os profissionais do sector urbano e dos transportes têm de alterar as formas tradicionais de conceção e planeamento urbano para reduzir ao máximo a necessidade de deslocações; por exemplo, através de concepções urbanas compactas e densas para reduzir a necessidade de deslocações motorizadas e, simultaneamente, para aumentar a acessibilidade aos equipamentos urbanos. É necessário encorajar as pessoas a alterar o seu comportamento de deslocação e a mudar para modos de deslocação menos intensivos em energia - por exemplo, andar a pé e de bicicleta. A estratégia de utilização da bicicleta contribui para um menor consumo de energia, menos emissões de CO2 e de GEE e, simultaneamente, menos mortes e acidentes rodoviários nas cidades (American Society of Landscape Architecture, 2009). O Vice-Presidente e Diretor Bruce Katz afirma que as cidades são boas para andar de bicicleta devido à sua complexidade e densidade inerentes (ver Figura 2) (American Society of Landscape Architecture, 2009).

Figura 2: Coordenador de bicicletas em Portland (por Roger Geller)

De acordo com o Nationwide Personal Transportation Survey (NPTS), o uso da bicicleta produz múltiplos benefícios potenciais, tanto para o indivíduo como para a sua comunidade, e existe um grande potencial para aumentar o número de viagens efectuadas de bicicleta. Ao aproveitar a oportunidade de converter viagens curtas de automóvel em viagens de bicicleta, a cidade pode colher enormes benefícios em termos de melhoria da saúde física dos residentes, reduzindo os impactos ambientais negativos das emissões dos automóveis e diminuindo o congestionamento do tráfego. Um resumo técnico da National Bicycle and Pedestrian Clearinghouse (1995) refere que o público americano poupa entre 3 e 14 cêntimos por cada quilómetro de automóvel (5 a 22 cêntimos por milha) deslocado a pé e de bicicleta devido à redução da poluição, dos custos de importação de petróleo e dos custos devidos ao congestionamento, tais como salários perdidos e perda de tempo no trabalho. As bicicletas e as deslocações a pé são meios de transporte ecológicos e não requerem combustíveis fósseis. As deslocações pela cidade consistem muitas vezes em várias viagens curtas com poucos quarteirões de distância, o que exige que o automóvel seja ligado e desligado, emitindo gases de escape em excesso. As viagens de bicicleta não produzem poluição atmosférica, reduzem o congestionamento rodoviário e, muitas vezes, demoram menos tempo, especialmente se houver estacionamento conveniente para bicicletas. De facto, viajar para destinos de bicicleta em vez de carro tem muitos benefícios (Rockville City

Government);

- Criar um ar mais limpo
- Conservar a energia
- Criar ruas mais seguras
- Reduzir o ruído do tráfego
- Ser um meio de transporte de baixo custo
- Ocupam menos espaço nas estradas e nos parques de estacionamento
- Proporcionar uma excelente forma de exercício

Para dar resposta a questões de saúde e outras preocupações políticas, os decisores políticos e os profissionais estão a procurar formas de aumentar a utilização de deslocações a pé e de bicicleta nas deslocações diárias. Embora a maior parte das atenções se concentre na "vida ativa", as deslocações a pé e de bicicleta podem ter um maior potencial para substituir as deslocações em veículos motorizados devido à sua maior velocidade e capacidade de cobrir distâncias maiores. Está provado que as deslocações de bicicleta são um sistema de atividade recomendado a determinados níveis de intensidade para reduzir a taxa de excesso de peso e obesidade. A potencialidade da bicicleta como meio de transporte foi reconhecida a nível nacional através de objectivos de aumento das taxas de utilização da bicicleta e de um aumento significativo do financiamento de novas infra-estruturas urbanas. Várias cidades também adoptaram políticas e programas agressivos para aumentar a utilização da bicicleta. De facto, o planeamento do movimento movido a energia humana é sensível ao contexto, pelo que não existe uma solução única adequada a todos os locais.

Para alcançar os benefícios acima mencionados, a presente investigação teve como objetivo desenvolver um modelo de avaliação do índice para medir o sucesso do desenvolvimento urbano na disponibilização de infra-estruturas para ciclistas. A investigação planeou desenvolver a Ferramenta de Avaliação do Índice de Ciclabilidade de Vias que ajuda os planeadores urbanos e de transportes a otimizar a pontuação do índice de ciclabilidade de cada via (ou seja, rua e cruzamento). Através da compreensão das pontuações do índice de todas as vias dentro da área urbana, os planeadores urbanos e de transportes podem tomar decisões precisas e íntimas para a gestão do orçamento no desenvolvimento/reconstrução de infra-estruturas cicláveis.

2. CICLABILIDADE URBANA

O Urban Design Handbook (Gindroz e Levine, 2002) sugere que os elementos fundamentais do Novo Urbanismo e do Crescimento Inteligente, tal como definidos pela CNU, são a base de um bairro sustentável. O Novo Urbanismo e o Crescimento Inteligente defendem um ambiente energeticamente eficiente e orientado para os peões, que permita às pessoas optarem por andar mais de bicicleta e conduzir menos. O Novo Urbanismo e o Crescimento Inteligente constituem um conjunto de princípios que podem ser aplicados cada vez mais a diferentes escalas, desde a microescala (ou seja, um único caminho) até à macroescala (ou seja, toda a área urbana). Os princípios do

Novo Urbanismo em matéria de mobilidade pedonal incluem a sustentabilidade, a qualidade de vida, a conetividade, a diversidade e os usos mistos do solo, a arquitetura de qualidade, a conceção urbana de qualidade, os transportes inteligentes, a compacidade e a densidade urbanas.

Estas necessidades conduzem a um pensamento criativo que permite elaborar um plano adequado para o desenvolvimento de cidades cicláveis. Até à data, existem ideias globais sobre o desenvolvimento de cidades cicláveis. Por exemplo, as Ciclovias Elevadas são uma proposta para complementar o principal eixo de trânsito de Toronto. Estas pistas cobertas e leves permitiriam aos ciclistas atravessar a cidade sem serem impedidos pelos semáforos ou por condições climatéricas adversas. O projeto também utiliza painéis solares para alimentar a iluminação pública, que está integrada nas colunas de suporte. Numa fase ainda experimental, uma cobertura de rede fina revestida a dióxido de titânio estender-se-ia por toda a rua e também pela maior parte dos passeios. Esta cobertura utilizaria um sistema de absorção ativado termicamente para evitar a acumulação de neve na rua, eliminando a necessidade de maquinaria de remoção de neve intensiva em combustíveis fósseis e, eventualmente, permitindo que estas vias se tornem restritas à utilização de veículos sem emissões e, em particular, que forneçam os caminhos adequados para o ciclismo.

3. MÉTODOS E MATERIAIS

3.1. Desenvolvimento do modelo de avaliação da ciclabilidade urbana

Este modelo indica que a ciclabilidade pode ser definida como um ambiente urbano ciclável "bem concebido" e um ambiente urbano ciclável "mais utilizado". O presente estudo apresenta o conceito de ciclabilidade urbana "mais em uso", enquanto o outro conceito será apresentado em trabalhos futuros. Os desenhadores e planeadores urbanos afirmam que os percursos cicláveis são percursos concebidos para não motorizados. Mas, na realidade, essas vias podem não ser utilizadas pelos ciclistas. A este respeito, o modelo de avaliação da ciclabilidade urbana "mais utilizada" visa descobrir os percursos que satisfazem as necessidades e preferências dos peões, quer esse percurso selecionado tenha sido facilitado ou não. A Figura 3 ilustra esquematicamente a forma como o modelo de avaliação da ciclabilidade urbana "mais utilizada" lida com as variáveis de ciclabilidade em três níveis e as analisa com base na Árvore de Decisão para a seleção do percurso dos ciclistas.

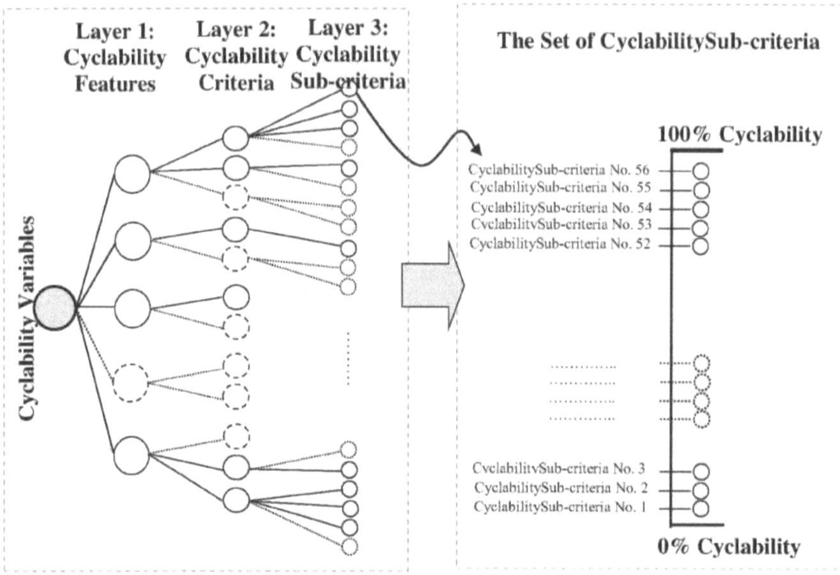

Figura 3: Recolha e análise esquemática de dados do modelo de avaliação do índice de ciclabilidade da via "mais utilizada" (PACEX)

2.1. Varibales envolvida no modelo PACEX

Saelens et al. (2003) afirmam que "os bairros tradicionais que se pretende que sejam altamente percorríveis a pé e de bicicleta caracterizam-se por uma elevada densidade populacional, uma boa mistura de usos do solo, uma elevada conetividade e uma conceção adequada de bicicletas e passeios, incluindo passeios contínuos". Babiano (2003) apresentou a hierarquia das necessidades do utilizador, que, respetivamente, de baixo para cima, incluía mobilidade, proteção, facilidade, prazer e identidade (ver Figura 4). O diagrama da pirâmide foi adotado das necessidades humanas por Max-Neef et al. (1992) e Maslow (1954). No diagrama, Babiano (2003) partiu do princípio de que as necessidades inferiores na hierarquia devem ser, pelo menos, parcialmente "satisfeitas antes de as necessidades superiores se tornarem uma importante fonte de motivação". De facto, do nível inferior para o nível superior, as necessidades físicas iniciais dos peões estão a ser transformadas em necessidades mentais e espirituais. Pode referir-se à abordagem recente em matéria de conceção e planeamento urbano, que incorpora a conceção da forma urbana e o comportamento individual de viagem. Mokhtarian e Salmon (2002) e Handy et al. (2005) afirmam que é intrinsecamente importante ter em conta a atitude, a perceção e a forma de auto-seleção dos indivíduos.

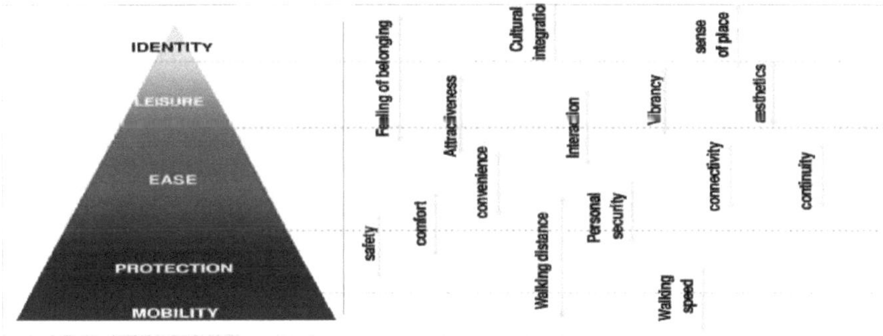

Figura 4: Hierarquia das necessidades dos utilizadores urbanos (Adotado de Babiano, 2003)

2.2. Critérios e subcritérios envolvidos no modelo PACEX

Até à data, poucos subcritérios de ciclabilidade foram analisados e medidos empiricamente quanto à sua influência no comportamento pedonal. A necessidade de subcritérios detalhados e abrangentes de caminhabilidade é essencial (Clifton et al. 2007, Painter 1996). De acordo com a Tabela 1, o PACEX envolve um total de 92 variáveis de ciclabilidade; agrupadas em 5 caraterísticas de caminhabilidade. Cada caraterística de ciclabilidade inclui números de critérios de ciclabilidade e números de subcritérios.

Quadro 1: Variáveis de avaliação da ciclabilidade da trajetória

Cyclability Features Layer 1	Cyclability criteria Layer 2	Cyclability Sub-criteria Layer 3
A. Sense Of Safety	a.1.Traffic speed and pedestrian crossing	a.1.1. Slow Traffic speed a.1.2. Drivers' respect to pedestrian a.1.3. Few number of traffic lanes a.1.4. Traffic calming a.1.5. On-street parking a.1.6. Pedestrian-oriented Intersection, blind corners
	a.2.Crossing facilities	a.2.1. Over Bridge a.2.2. Traffic Light Signal a.2.3. Having pedestrian crossing line a.2.4. Street and path lighting
	a.3.Facility for paths	a.3.1.Width of sidewalk a.3.2.Length of sidewalk a.3.3.Street lighting a.3.4.Sidewalk lighting a,3.5.Interference of divers activities along sidewalk a.3.6.Limited access (boulevard, planting, drainage)
B. Sense Of Security	b.1.Security at day	b.1.1.Occupied sidewalk b.1.2.Transparent facade b.1.3.Wide sidewalk
	b.2.Security at night	b.2.1.Street activities b.2.2.Street lighting b.2.3.Sidewalk lighting
C. Comfort	c.1.Physical comfort	c.1.1.Street Lighting c.1.2.Sidewalk Lighting c.1.3.Ergonomic design c.1.4.Resting amenities c.1.5.Hidden layer (view) c.1.6.Finishing material pavement c.1.7. Good smell c.1.8.Vital and active atmosphere (street, activities)
	c.2.environment effects	c.2.1.Shelter c.2.2.Shadow of trees c.2.3. Shadow of elements c.2.4. Windy climate c.2.5.Rainy climate
D. Convenience	d.1.Functionality of sidewalk with diverse activities	d.1.1.Continuity of diverse activity d.1.2.Not-crowded d.1.3.Street interface
	d.2.Easy access and crossing	d.2.1.Waiting at intersections d.2.2.Number of pedestrian crossing line
E. Visual Interest	e.1.Street-Scale and Enclosure	e.1.1.width of buildings e.1.2.Height of buildings e.1.3.width of street e.1.4.Streetscape
	e.2.Variety	e.2.1.Diverse of activities along path e.2.2.Buildings height e.2.3.Skyline of building

3.4. O algoritmo de tomada de decisão PACEX

No PACEX, é possível identificar os caminhos facilitados dentro da área do bairro. A análise das variáveis de ciclabilidade das vias (incluindo a 1.ªcamada, a 2.ªcamada e a 3.ªcamada) será efectuada utilizando as fórmulas 1 a 3. Indicará a prioridade das necessidades de ciclabilidade das vias na área do bairro sub-inquirido.

As fórmulas (1) e (1-a) são utilizadas para a avaliação da resposta às variáveis de transitabilidade, incluindo, 1st layer (cyclability Features (F_i)), 2(nd) Layer (cyclability Criteria (C_j)), e 3rd Layer (cyclability Sub-criteria (S_k)). O "valor médio da taxa" de cada variável *($AvRVF_iC_jS_k$)* é calculado pela seguinte fórmula

$$AvRVVF_iC_jS_k = \frac{\sum_{r=1}^{n} RVVF_iC_jS_k \text{ (Rate Value of each variable by respondent nomber (r))}}{\text{Total number of respondent (n)}} \quad (1)$$

Where, '$R_rRVVF_iC_jS_k$ 'is the abbreviation for Rate Value of each Variable *($RVVF_iC_jS_k$)* by rth Respondent (Rr). It will be calculated using Formula 1-a.

$R_rRVVF_iC_jS_k$ = *'Minimum possible rate of the variable by respondent'– (rate of the variable by r^{th} Respondent – 1*(1-a)

$$AvRVVF_iC_jS_k = \frac{\sum_{r=1}^{n} RVVF_iC_jS_k \text{ (Rate Value of each variable by respondent nomber (r))}}{\text{Total number of respondent (n)}} \quad (1)$$

A fórmula 2 é utilizada para as variáveis envolvidas na 1.ª camada (ou seja, caraterísticas de ciclabilidade).

'Actual Rate Value' of each cyclabilityFeature ($AcRVF_i$) =

$(AvRVF_i) \times \sum_{j=1}^{3} a(AvRVF_iC_j \times Max\ (AvRVF_iC_jS_1 : AvRVF_iC_jS_k\ )$ (2)

Where,

- F_i *=Feature number 'i' which 'i' can be 1,2,3,4 or 5.*
- C_j *= Criteria number 'j' which 'j' can be 0, 1, 2 or 3.*
- S_k *= Sub-criteria number 'k' which 'k' can be 0, 1, 2, 3, 4, 5, 6, 7 or 8.*

Com base na segunda definição de ciclabilidade, os percursos mais utilizados mostrarão a capacidade de aterramento de cada segmento de percurso a avaliar na área de estudo.

Com base no escore de cada variável da 3ª camada ($F_iC_jS_k$, é possível propor a prioridade final de ciclabilidade do destino (escala meco). Os resultados do modelo podem ser usados como referência para os gestores urbanos em seu futuro desenvolvimento de bairro/redesenvolvimento e ações corretivas. Este processo fornecerá o índice de caminhabilidade para duas aplicações, primeiro, o índice de ciclabilidade para cada destino (mesoescala), segundo, o índice de ciclabilidade para a área geral do bairro (macroescala).

No PACEX, a investigação formulou o seguinte modelo matemático para medir a "pontuação do índice de ciclabilidade do segmento de caminho" (microescala) para cada segmento de caminho (ver quadro 2).

$$\text{Path Segment Cyclability Index Score } F_i = \frac{\sum_{i=0}^{5} AcRVFi}{46.4} = \frac{1}{46.4} \times \left[\begin{array}{c} AcRVF\text{of} \\ \text{'Sense of Safety} \\ \text{and Securitv'} \\ \boxed{} \end{array} + \begin{array}{c} AcRVF\text{of} \\ \text{'Connectivity'} \\ \boxed{} \end{array} + \begin{array}{c} AcRVF\text{of} \\ \text{'Comfort'} \\ \boxed{} \end{array} + \begin{array}{c} AcRVF\text{of} \\ \text{'Convenience'} \\ \boxed{} \end{array} + \begin{array}{c} AcRVF\text{of} \\ \text{'Attractiveness} \\ \text{and Aesthetics'} \\ \boxed{} \end{array} \right] \quad (3)$$

Quadro 2: Graus de indexação doPACEX

Pontuação de ciclabilidade da calçada Classificação		Descrição e recomendações
▪ Superior	▪ (Grau de espessura 1) = para PACDEX Score 7,5 a 6,8	▪ Calçada construída, bem concebida e de fácil acesso para os peões, que satisfaz os utilizadores; são necessárias pequenas melhorias, caso existam
▪Bom	▪ (Grau de espessura 2) = para PACDEX Score 6.7 a6.1	▪ passeio construído para acomodar os utilizadores; pequenas melhorias podem melhorar a classificação para superior
▪ Justo	▪ (Grau de espessura 3) = para PACDEX Score 6.0 a 5.4	▪ Calçada utilizável para a qual alguns utilizadores não sentem um elevado nível de facilidade de locomoção; são quase necessárias melhorias, tais como melhores instalações e comodidades.
▪ Pobres	▪ (Grau de espessura 4) = para PACDEX Score 5.3 a 4.7	▪ Calçada utilizável para a qual muitos utilizadores não sentem um elevado nível de de facilidade de deslocação; são provavelmente necessárias melhorias significativas, como a falta de instalações e comodidades
▪ Muito pobre	▪ (Grau de espessura 4) = para PACDEX Score 4.6 a 4	▪ Calçada não utilizável, em que os utentes não sentem sequer um nível médio de facilidade de locomoção, e que apresenta condições deploráveis combinadas com tráfego intenso; deve ser melhorada.

4. IMPLEMENTAÇÃO DO PACEX NUM ESTUDO DE CASO

Em 2006, Doha foi a cidade anfitriã dos 15º Jogos Asiáticos. Foi a primeira vez que os 45 países membros do Conselho Olímpico da Ásia participaram neste evento. Os planeadores da UPDA e da ASHGHAL tentaram encontrar meios de transporte adicionais para colmatar a falta de táxis e autocarros. Além disso, tentaram dotar o país de todas as instalações recomendadas para apoiar o turismo desportivo. Infelizmente, a falta de dinheiro, de tempo ou de informação impediu o avanço do projeto, mas não deixa de ser uma boa proposta para uma instalação necessária. A presente proposta descreve a rede de bicicletas recomendada para o Plano Diretor Nacional de Bicicletas do Qatar. Esta rede será implementada em 2006 na Grande Doha e no Estado do Qatar. Ao identificar as estradas específicas e outros corredores ao longo dos quais devem ser construídas instalações para bicicletas, todos os grupos envolvidos em actividades de desenvolvimento no Qatar - tanto do lado dos organismos públicos como do lado dos promotores - poderão incorporar estas instalações no seu futuro trabalho de desenvolvimento. Em 2022, a cidade de Doha será a anfitriã do Campeonato do Mundo de Futebol de 2022 no Qatar. Cerca de 7 milhões de pessoas viajarão e ficarão alojadas na cidade de Doha durante o Campeonato do Mundo de 2022 (Figura 5).

Os projectos de infra-estruturas incluem a construção e o desenvolvimento urbano de instalações como estádios, estradas e auto-estradas, uma extensa rede ferroviária, projectos de habitação, hotéis, centros comerciais e até o novíssimo Aeroporto Internacional de Hamad. Todos eles serão instalações de classe mundial que oferecerão uma qualidade de serviços inigualável. A função da FIFA aproximou os projectistas e promotores urbanos do Qatar do desenvolvimento urbano não motorizado, em particular, do design e desenvolvimento urbano ciclável. As principais oportunidades incluem a possibilidade de construir instalações para bicicletas como parte dos novos grandes empreendimentos planeados e das grandes reformulações de estradas, ligando as áreas de parque e recreio existentes e futuras a um sistema de ciclovias, incorporando ciclovias nos projectos propostos para a orla marítima e ligando a rede de ciclovias ao futuro sistema ferroviário. Os principais constrangimentos incluem elevados volumes e velocidades de tráfego, comportamento dos condutores e ciclistas, clima quente de verão e planeamento contínuo de novos empreendimentos que não incluem instalações para bicicletas.

Figura 5: Desenvolvimento da cidade de Doha para a FIFA 2020 (Fonte: www.skyscrapercity. com)

4.1. Recolha de dados

O questionário estruturado de auto-relato em formato fixo foi concebido para captar o DTM dos ciclistas em diferentes partes dentro dos limites do inquérito na cidade de Doha. Os dados do questionário foram recolhidos através do "Método de Escala Combinada" (CSM). O CSM obtém a perceção do inquirido através da pontuação e da classificação dos itens (Stangor, 2007). O CSM tem um elevado potencial para ser integrado na "Análise da árvore de decisão". O 'Método de Escalonamento Combinado' (CSM) é a combinação de dois métodos de escalonamento, 'Escalonamento Categórico' e 'Escalonamento de Classificação Ordinal'. O MCS atribui um número ou uma letra separada a vários componentes do índice, do mais baixo ao mais alto. O método de "Escalonamento combinado" fornece um grupo de pontuações que podem ser ordenadas pelos inquiridos; incluindo, 1 = fortemente favorável ao conceito, em diante, até n = fortemente desfavorável ao conceito. No CSM, cada pontuação é escolhida apenas uma vez em cada categoria de itens. Por exemplo, se a categoria de itens incluir seis (6) itens, pede-se aos inquiridos que os ordenem de um (1) (ou seja, o item mais importante) a seis (6) (ou seja, o item menos importante).

4.2. Análise de dados Resultados da aplicação do PACEX no estudo de caso

A investigação apresenta resultados para o 'índice de ciclabilidade no bairro em geral' (Quadros 3 e 4). As tabelas calcularam a média do índice de ciclabilidade de 3 destinos e, em seguida, ordenaram os subcritérios de ciclabilidade estimados numa lista hierárquica. Esta lista determina a percentagem mais elevada para a mais baixa dos subcritérios de ciclabilidade estimados para o bairro em geral.

Tabela 3: Análise dos subcritérios de ciclabilidade em três destinos de centros comerciais

Cyclability Features	Cyclability Criteria	Cyclability Sub-criteria	Destination A (%)	Destination B (%)	Destination C (%)
F1. Sense of Safety and Security	**F1.C1.** Safety facilities at sidewalks	**F1.C1. S1** Driveway Curb-cuts **F1.C1. S2** Existence of Pedestrian Crossing **F1.C1. S3** Width of Utility Zones **F1.C1. S4** Shelters **F1.C1. S5** Length of Tree Canopies **F1.C1. S6** Releasing visual Obstacles/ Nuisances **F1.C1. S7** Sidewalk Steepness **F1.C1. S8** Existence of Bike Lanes **F1.C1. S9** Existence of On-street Parking **F1.C1. S10** Informing the intersection blindness **F1.C1. S11** Mid-block crossing **F1.C1. S12** Providing over-bridge	25.43 27.54 24 24 15.53 8.1 21.67 12.59 9.54 4.76 10.05 10.81	19.12 19.42 16.73 12.34 10.68 3.22 11.56 8.23 6.89 6.87 18.78 8.62	18.64 25.8 11.25 12.82 10.28 13.82 7.57 8.77 14.37 9.04 16.94 8.92
	F1.C2. Slowing traffic speed at pedestrian crossing	**F1.C2. S1** Existence of Pedestrian Crossing **F1.C2. S2** Number(s) of Traffic Lanes **F1.C2. S3** Traffic Signals **F1.C2. S4** Traffic Calming Devices **F1.C2. S5** Drivers' respect to pedestrian **F1.C2. S6** Slow Traffic speed	24.96 19.07 24.36 3.7 4.76 11.78	8.23 14.69 15.68 4.70 5.48 12.67	17.66 19.39 22.16 11.42 7.90 19.47
	F1.C3. Security in day and nights	**F1.C3. S1** Sidewalk Lighting **F1.C3. S2** Number of Intermediary **F1.C3. S3** Length of Tree Canopies **F1.C3. S4** Number of Street Trees **F1.C3. S5** Releasing visual Obstacles/ Nuisances **F1.C3. S6** Not-crowded Route **F1.C3. S7** Street Surveillance **F1.C3. S8** Street-Facing Entrances **F1.C3. S9** Street-level Façade Transparency **F1.C3. S10** First Floor Use of Buildings **F1.C3. S11** Upper-Floor Windows	19.07 13.94 9.58 11.48 8.4 20.04 6.35 22.87 11.04 9.94 8.03	6.97 8.55 9.49 6.48 4.6 12.06 2.97 7.87 9.45 9.49 14.73	12.64 10.93 14.57 19.95 5.57 18.94 5.14 14.78 20.21 18.97 6.45
F2. Connectivity	**F2.C1.** Sidewalk accessibility	**F2.C1. S1** Sidewalks networking **F2.C1. S2** Length of Sidewalks **F2.C1. S3** Width of Walking Zones **F2.C1. S4** Continuity to diverse activity **F2.C1. S5** Length of Segments **F2.C1. S6** Informing the Intersection blindness **F2.C1. S8** Street signage	22.92 22.5 21.9 9.63 11.36 25.67 8.44	16.48 15.03 17.18 12.39 10.96 8.26 7.93	18.96 24.64 27.49 21.35 16.04 15.50 11.03
	F2.C2. Physical connectivity	**F2.C2. S1** Sidewalk steepness **F2.C2. S2** Street-Facing Entrances **F2.C2. S3** Street Signage **F2.C2. S4** Length of Segment	19.85 21.66 7.44 21.40	20.7 24.19 9.90 22.89	13.05 21.93 20.13 18.90

Cyclability Features	Cyclability Criteria	Cyclability Sub-criteria	Destination A (%)	Destination B (%)	Destination C (%)
F3. Comfort	**F3.C1.** Physical comfort	**F3.C1. S1** Well-locating of service utilities **F3.C1. S2** Amount of Street Furniture **F3.C1. S3** Sidewalk Lighting **F3.C1. S4** Number of Intermediary **F3.C1. S5** Shelters **F3.C1. S6** Planting deciduous trees **F3.C1. S7** Existence and width of medians **F3.C1. S8** Existence of On-street Parking **F3.C1. S9** Human Ergonomic Scale Design	21.37 16.55 15.80 9.63 10.38 26.67 8.48 7.82 18.65	17.47 15.90 12.92 10.21 10.65 15.12 8.09 10.08 9.45	25.88 29.75 14.67 14.67 11.66 14.94 19.68 13.80 8.62
	F3.C2. Environmentally comfort	**F3.C2. S1** Width of Walking Zones, **F3.C2. S2** Types of Sidewalk Pavement, **F3.C2. S3** Number of Street Trees, **F3.C2. S4** Sidewalk Steepness, **F3.C2. S5** Windy climate, **F3.C2. S6** Not-crowded Route, **F3.C2. S7** Height and types of Fences, **F3.C2. S8** Street reserve	24.29 21.37 9.02 4.03 10.58 19.07 24.36 5.47	13.52 21.27 14.06 9.03 2.43 21.35 16.04 19.04	16.84 13.39 10.96 8.96 4.37 13.54 11.68 9.07
F4. Convenience	**F4.C1.** Functionality of diverse activities	**F4.C1. S1** Number(s) of Traffic Lanes **F4.C1. S2** Existence and width of medians **F4.C1. S3** Length of Segment **F4.C1. S4** Width of Traffic Zones **F4.C1. S5** Widths of Buildings	6.80 2.07 1.08 11.57 9.03	5.41 13.09 3.89 10.39 16.68	13.36 25.09 11.31 4.43 7.05
	F4.C2. Easy access without obstacles	**F4.C2. S1** Releasing visual Obstacles/ Nuisances **F4.C2. S2** Traffic Signals **F4.C2. S3** Sidewalk Steepness **F4.C2. S4** Not-crowded Route, **F4.C2. S5** Existence of On-street Parking **F4.C2. S6** Mid-block crossing **F4.C2. S7** Height and types of Fences **F4.C2. S8** Public parking next to street **F4.C2. S9** Slow Traffic speed	6.77 6.98 4.38 5.13 3.41 4.01 2.74 20.15 11.50	9.36 6.53 7.73 8.83 5.44 4.35 4.36 6.63 1.37	13.60 13.84 10.50 10.74 6.65 14.08 13.36 7.53 15.29
F5. Attractiveness and Aesthetic	**F5.C1.** Street enclosure	**F5.C1. S1** Width of Curb-to-Curb Roadway **F5.C1. S2** Width of Utility Zones **F5.C1. S3** Building Setbacks **F5.C1. S4** Width of buffer zone **F5.C1. S5** Street reserve **F5.C1. S6** Diversity of buildings **F5.C1. S7** Mixed functionality of Adjacent Buildings **F5.C1. S8** Enclosure ratio	21.49 20.15 11.57 9.03 6.94 4.63 15.68 22.94	4.29 4.13 4.30 6.63 6.63 11.37 6.35 13.84	3.82 4.13 3.2 7.12 7.53 15.29 14.78 11.40
	F5.C2. Vibrancy and vitality	**F5.C2. S1** Planting diversity, **F5.C2. S2** Sidewalk Lighting, **F5.C2. S3** Width of Landscaping Strips, **F5.C2. S4** Types of Sidewalk	22.10 25.26 15.79 20.8 6.55	12.29 13.29 9.56 8.39 6.43	6.65 2.72 4.03 4.43 7.05

		Pavement, **F5.C2. S5** Intangible Senses, **F5.C2. S6** Planting deciduous trees, **F5.C2. S7** Length of Tree Canopies, **F5.C2. S8** Number of Street Trees, **F5.C2. S9** Building a Vital Atmosphere in sidewalks, **F5.C2. S10** Street Interface, **F5.C2. S11** Heights of Buildings, **F5.C2. S12** Upper-Floor Windows, **F5.C2. S13** Skyline height	11.48 8.4 20.04 22.87 11.99 15.79 8.02 11.76	12.67 16.95 15.57 8.77 18.78 12.67 22.10 20.83	9.57 8.77 14.85 10.94 13.98 13.30 6.83 11.03

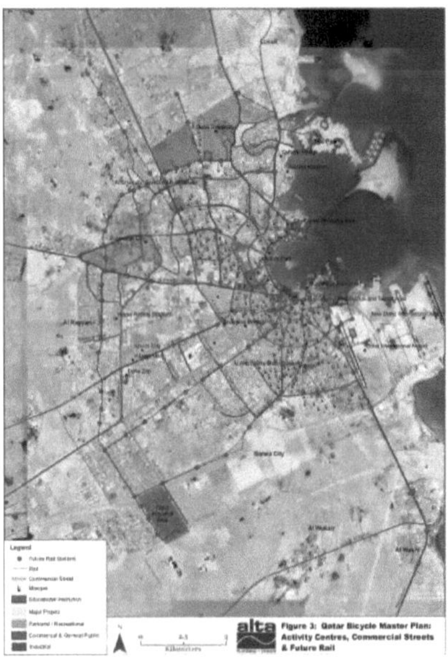

Figura 6: Implantação do PACEX na cidade de Doha, Qatar; Identificação da área urbana potencial para a conceção e desenvolvimento de ruas cicláveis

Figura 7: Implantação do PACEX na cidade de Doha, no Qatar; Identificação de potenciais vias (ruas) para a conceção e desenvolvimento de espaços cicláveis

4.3. Sistema de auto-estradas para bicicletas proposto com base nos resultados do PACEX

Doha a Al Khor, com ligação à pista de corridas do Circuito de Lusail, que se propõe ter um circuito de treino para bicicletas, bem como à área da Reserva Natural de Lusail, perto de Simaisma, que se propõe para caminhadas.

- Doha até à zona de Dohat Al Husain, ao longo do Golfo do Barém, que poderá ser um local para acampar e fazer caminhadas.
- Al Khor até à zona de Al Ghuwairiya e à Reserva Natural da Biosfera, onde se pode acampar.
- Ligação à zona de Singing Dunes, à saída da Route 55, um destino popular de lazer e de visitantes.
- Ligação à zona do Sealine Beach Resort a sul de Messaieed.
- Rotas de ligação adicionais que ofereçam oportunidades de circuito entre estes destinos-chave.

Este mapa apresenta uma rede recomendada de ciclovias que liga a todos os principais destinos de ciclismo na Grande Doha, Al Khor, Al Wakra e Al Wukair. As instalações recomendadas incluem ciclovias orientadas para os utentes ao longo das principais estradas, ciclovias orientadas para o lazer em áreas de parque, ao longo de corredores lineares de cinturão verde e ao longo da Corniche. Para além da rede dentro das comunidades urbanizadas, o sistema recomendado inclui uma rede nacional de "Auto-estradas para bicicletas" recreativas que ligam às principais áreas de preservação natural e podem ser utilizadas como instalações de treino e exercício tanto por ciclistas principiantes como experientes. Com a construção completa deste sistema, o Qatar teria uma das redes de ciclovias mais extensas do mundo, com instalações que rivalizariam com as cidades europeias mais inovadoras. A rede recreativa atrairia os turistas e os ciclistas visitantes que procuram percursos de treino de inverno. Estas melhorias iriam certamente solidificar o Qatar como 'O Centro da Cultura e do Desporto do Ciclismo na Região do Golfo'." (Equipa de Estudo da Bicicleta do Qatar, 2006).

O Qatar está a construir uma rede de auto-estradas, viadutos e túneis para garantir a fluidez do tráfego. O túnel de Ras Abu Aboud, que liga a estrada de Al Wakrah à Corniche e à rotunda de Sana, é um dos principais projectos rodoviários já concluídos. A localização estratégica do nó de ligação de Ras Abu Aboud - um dos projectos vitais do Novo Aeroporto Internacional de Doha (NDIA) e o primeiro nó de ligação que os recém-chegados a Doha verão assim que saírem do aeroporto - exigiu uma atenção especial à sua paisagem e embelezamento, bem como à área circundante. Uma tarefa que foi bem executada por

Aljaber Trading & Contracting Company (JTC) (Figura 8). Juntamente com o comité diretor da NDIA, a JTC desenvolveu um desenho paisagístico único para o projeto. A JTC desenvolveu também diferentes especialidades profissionais em diferentes áreas da indústria, tais como metalurgia, betão pronto, carpintaria e marcenaria, equipamento pesado, transportes e serviços electromecânicos. O arranjo paisagístico do projeto incluirá, pela primeira vez no Qatar, uma ciclovia de 14 quilómetros a partir do novo terminal.

Figura 8: Proposta do Comité Misto para a ciclovia em Doha-Qatar

5. DISCUSSÃO

Não são apenas os ciclistas que beneficiam desta infraestrutura extensa e dispendiosa, pois o ciclismo produz muitas externalidades sociais e económicas positivas. Reduz a poluição e facilita o congestionamento do tráfego. A bicicleta promove uma melhor condição física e de saúde, reduzindo os custos globais de saúde. As cidades amigas da bicicleta são mais atractivas para os trabalhadores jovens, instruídos e criativos. E, para além disso, andar de bicicleta coloca-nos em contacto mais próximo com o mundo, forçando um contacto mais próximo com os nossos concidadãos e com o ambiente natural e artificial, reforçando subtilmente um sentido de comunidade, de pertença e de propriedade. Os ciclistas que circulam habitualmente nas ruas notaram, sem dúvida, um fluxo constante de alterações nas pistas para bicicletas, onde se têm vindo a adicionar postes de segurança e a criar a impressão de maior segurança e dignidade para os ciclistas no corredor. As novas faixas podem ser permitidas mesmo com a injunção para bicicletas, porque não são tecnicamente consideradas dispositivos de controlo de tráfego, que não podem prosseguir até que a injunção seja totalmente levantada. Se criar visibilidade para os ciclistas é a coisa mais importante para garantir a segurança e atrair novos ciclistas, disse Patel, estas faixas são um passo na direção certa.

Basta reduzir ligeiramente as barreiras, dar um pequeno empurrãozinho, para mudar o comportamento - e permitir que as pessoas façam o que querem fazer. Podemos aprender muito com locais como Hannover em termos de tornar as cidades mais amigas das bicicletas. As pistas para bicicletas nas ruas estão claramente assinaladas. Nos cruzamentos, há uma caixa pintada na rua onde as bicicletas podem passar à frente dos carros quando estão a virar. As bicicletas têm muitas vezes o seu próprio semáforo nos cruzamentos, e a coreografia dos semáforos e dos sinais de cruzamento é elaborada: o semáforo dos peões fica verde alguns segundos antes dos outros, e as bicicletas também recebem alguns segundos de avanço (o que é mais seguro e permite sair do cruzamento mais rapidamente). Em muitas ruas de sentido único, é permitido o tráfego de bicicletas nos dois sentidos (mais cómodo para as bicicletas e também para abrandar os carros). As ciclovias nos bosques e nas zonas rurais circundantes estão bem assinaladas com direcções e distâncias.

É o sonho de qualquer ciclista urbano: poder passear pela cidade completamente livre de carros. Em alguns locais da cidade, o número de bicicletas é muito superior ao número de carros. Por isso, as ruas precisam necessariamente de ciclovias, normalmente com semáforos próprios. Deveria haver ciclovias bem marcadas e mantidas através das áreas arborizadas, à volta dos lagos e do pântano, cobrindo o espaço verde dos planeadores urbanos. Existem túneis sob as linhas de comboio e pontes sobre as auto-estradas para as bicicletas. Os elevados impostos sobre a gasolina desencorajam a condução e o congestionamento do tráfego e os problemas de estacionamento tornam a bicicleta mais apelativa.

As obstruções anteriores requerem um pensamento criativo para as resolver e apresentar um plano adequado para a cidade de Doha. Ao olhar para as ideias e exemplos globais, parece que muitos países com as mesmas condições de vento, distâncias ou tempo estão a ultrapassar estas dificuldades e a começar a utilizar as bicicletas para o transporte diário, por exemplo, as Ciclovias Elevadas são uma proposta para complementar o principal eixo de trânsito de Toronto. Estas pistas cobertas e leves permitiriam aos ciclistas atravessar a cidade sem serem impedidos pelos semáforos ou por condições climatéricas adversas. O projeto também utiliza painéis solares para alimentar a iluminação pública, que está integrada nas colunas de suporte. Numa fase ainda experimental, uma cobertura de rede fina revestida a dióxido de titânio estender-se-ia por toda a rua e também pela maior parte dos passeios. Esta cobertura utilizaria um sistema de absorção ativado termicamente para evitar a acumulação de neve na rua, eliminando a necessidade de utilizar maquinaria de remoção de neve que consome muitos combustíveis fósseis e permitindo, eventualmente, que estas vias se tornem restritas à utilização de veículos sem emissões. Com melhores opções de transporte e uma melhor experiência para os peões, os corredores de Yonge Street e Bloor Street poderiam acomodar um maior crescimento e talvez aumentar o dinamismo linear como caraterística definidora da cidade. Muitos consideram que percorrer longas distâncias de bicicleta não é apenas um grande desporto, mas também uma excelente forma de ver o campo. É uma forma de sair e ver o que nos rodeia. Na verdade, estará a fazer exercício e a trabalhar os músculos sem sequer se aperceber, pelo que se tornará um hábito, passo a passo, e será mais fácil, mesmo para os habitantes do Qatar, utilizar bicicletas se lhes forem prestados bons serviços.

A procura de bicicletas existente é altamente dispersa (conforme indicado pelas análises de campo) e caracterizada por muitas viagens curtas de entrega dentro das densas áreas centrais de negócios e algumas viagens pendulares mais curtas para os principais geradores de emprego para habitação dos trabalhadores, como a área industrial. A procura recreativa está atualmente concentrada na Corniche (onde o uso da bicicleta é oficialmente proibido, mas ainda ocorre fora das horas de ponta), na área Aspire perto da Cidade Desportiva e ao longo da estrada para Al Khor aos fins-de-semana. A procura futura de utilização de bicicletas no Qatar será significativamente diferente da procura atual, à medida que a demografia da cidade for mudando. Isto deve-se ao desenvolvimento crescente no Qatar de habitações de maior densidade, de rendimentos médios e altos, e ao desenvolvimento de sistemas de transporte ferroviário e de autocarros alargados. Com o futuro planeamento do uso do solo que concentra residências de maior densidade perto do trânsito, uma grande parte das futuras viagens pendulares de trabalho de bicicleta seriam viagens multimodais com ligação a estações de trânsito. A futura procura de deslocações pendulares em torno das instituições educativas da Universidade do Qatar e da Cidade da Educação também será importante. A futura procura recreativa tirará partido dos corredores lineares e de outras oportunidades para criar uma rede alargada de ciclovias (para ciclismo de estrada e de montanha), bem como instalações de treino especializadas para ciclistas de nível competitivo amador e profissional. (Qatar Bicycle Study Team, 2006). De acordo com estas informações, a UPDA implementou a primeira proposta de rede de ciclovias em função dos centros de atividade, das ruas comerciais, dos futuros caminhos-de-ferro e dos tipos de ciclovias recomendados.

6. CONCLUSÃO

A investigação desenvolveu o modelo de avaliação do Índice de Ciclabilidade do Percurso que incorpora os princípios e estratégias do Novo Urbanismo, do Crescimento Inteligente e da Sustentabilidade. O modelo tem uma abordagem intermédia para melhorar a facilidade de deslocação urbana. Considera as abordagens de cima para baixo e de baixo para cima para impulsionar a mobilidade pedonal urbana, envolvendo a participação das partes interessadas governamentais e privadas no crescimento e desenvolvimento urbano pedonal. Portanto, o modelo proposto é visto como uma ferramenta de apoio à decisão de design urbano que será útil para designers urbanos e planejadores de transporte urbano na decisão sobre o desenvolvimento futuro / re-desenvolvimento e em ações corretivas.

O estudo de caso (ou seja, a cidade de Doha, no Qatar) continuará a não ter bicicletas nas suas ruas, a menos que alguns esforços e vozes apelem a uma vida saudável e sustentável. O Qatar precisa de uma rede de postos de aluguer de bicicletas, que ofereça passeios não só para fins de lazer, mas também para deslocações pendulares. O uso da bicicleta nas deslocações diárias pode ajudar os habitantes locais e os expatriados do Qatar a conhecer os níveis recomendados de atividade física e o papel que as infra-estruturas públicas podem desempenhar no incentivo a esta atividade. Os dados deste estudo apoiam a necessidade de ruas de bairro bem ligadas e de uma rede de infra-estruturas específicas para bicicletas, a fim de incentivar o uso da bicicleta entre os adultos. Isto pode ser conseguido através de um planeamento, regulamentação e financiamento abrangentes. É necessário um estudo abrangente da rede de estradas e do sistema de transportes para descobrir o desenho mais adequado das pistas para bicicletas no Qatar.

7. INVESTIGAÇÃO SUPLEMENTAR

A aplicação PACDEX aborda a investigação a jusante com mais pormenor e na continuação do desenvolvimento do estudo atual. Na investigação atual, o quadro foi desenvolvido para ser utilizado por designers urbanos. No entanto, os residentes também devem utilizar a informação final. A partilha desta informação com os residentes influenciará a sua tomada de decisão sobre a deslocação a pé para os centros comerciais.

Especificamente, os turistas e os planeadores turísticos também podem utilizar as informações produzidas por este quadro. De facto, um dos dispositivos mais populares para partilhar a informação é a "aplicação" no Smartphon. Por conseguinte, um estudo mais aprofundado pode centrar-se em;

- Estudo descritivo do índice de ciclabilidade como aplicação para smartphone
- Formulação do índice de ciclabilidade como aplicação para smartphone
- Desenvolvimento de uma estrutura para avaliar a correlação da ciclabilidade do bairro através de uma aplicação para smartphone

REFERÊNCIAS

Saelens, B. E., Sallis, J. F., Black, J. B., e Chen. D. (2003). Neighborhoodbased differences in physical activity: An environment scale evaluation. American Journal of Public Health, Vol. 93(9): 1552-1558.

Babiano, I.M. (2003). Sustainable + Mobility + Management: Pedestrian Space Management as a Strategy in Achieving Sustainable Mobility, Susatinability marketing Managmnet and Consumtion, summer academy, university of St. Gallen.

Max-Neef, M., Elizalde, A., & Hopenhayn, M. (1992).Desenvolvimento e necessidades humanas. Economia da vida real: Understanding wealth creation, 197-213.

Mokhtarian, P.L. e Salmon. I. (2002). How derived is the demand for travel? Some concetual and measurement considerations; Transportation Research part A, 33.

Handy, L.S., Boarnet, M.G., Ewing, R., e Killingsworth, R.E. (2002). How the built environment affects physical activity. Views from Urban Planning. AmericanJournal of Preventive Medicine, 23(2S), 64-73.

Clifton, K.J., Livi, S., L., Andrea D., e Rodriguez, D. (2007).The development and testing of an audit for the pedestrian environment.Journal ofLandscape and Urban Planning, Vol. 80(1-2), 95-110.

Painter K. (1996). The influence of street lighting improvements on crime, fear and pedestrian street use, after dark, Landscape and Urban Planning, Vol. 35, 193-201.

Fusero, P. (2009). *E-City- Redes digitais e cidades do futuro.* LIST Laboratorio.

Mitchell, W. J. (1999). *E-topia "Urban Life, Jim--But Not As We Know It"*. Cambridge MA: MIT Press.

Crang, M. (2000). Espaço público, espaço urbano e espaço eletrónico: Would the Real City Please Stand Up? *Estudos Urbanos* , 301-317.

Autoridade, I. S. (2013). Recuperado de Economy Watch: http://www.economywatch.com/economic-statistics/Qatar/Population/

Statistics, I. W. (2013). *Número de utilizadores da Internet no Qatar* . Recuperado de Economy Watch: http://www.economywatch.com/economic-statistics/Qatar/Internet_Users/

Aurigi, A., & De Cindio, F. (2008). *Augmented urban spaces: articulating the physical and electronic city.* REINO UNIDO: Ashgate.

Castells, M. (2001-2002). Espaço de Fluxos, Espaço de Lugares: Materiais para uma teoria do urbanismo na era da informação. Em R. T.LeGates, & F. Stout, *The City Reader* (Fifth Edition ed., pp. 573-582). Londres e Nova Iorque: Routledge.

Blakely, E. J., & Snyder, G. M. (1997). Divided We Fall: Gated and Walled Communities in the United States. *Princeton Architectural Press* .

Touman, A. H. (2002). *CONDOMÍNIOS FECHADOS: INSTRUMENTO DE CONSTRUÇÃO FÍSICA OU DE DESTRUIÇÃO SOCIAL?* Grenoble2: Université PIERRE MENDES FRANCE.

Levent, T. B., & Gülümser, A. A. (2007). *Gated Communities in Istanbul: The New Walls of the City.* Istambul: EURODIV PAPER.

Landman, K. (2000). GATED COMMUNITIES AND URBAN SUSTAINABILITY: TAKING A CLOSER LOOK AT THE FUTURE . *Strategies for a Sustainable Built Environment* (*Estratégias para um Ambiente Construído Sustentável*), (pp. 2-7). Pretória, África do Sul.

Mahgoub, Y., & Khalfani, F. (2012). Sustentabilidade dos condomínios fechados nos países em desenvolvimento. *Estudos de países em desenvolvimento. IISTE* , 53- 63.

Ghonimi, I., El Zamly, H., Khairy, M., & Soilman, M. (2011). A Contribuição dos Condomínios Fechados para o Desenvolvimento Urbano na Região do Grande Cairo, Cidades Novas. *Jornal da Universidade Al Azhar - Setor de Engenharia.*

Aurigi, A. (2005). *Making the digital city.* EUA: Ashgate Publishing Company.

AJIBOLA, M. O., OLOKE, O. C., & OGUNGBEMI, A. O. (2011). Impacto dos condomínios fechados no valor dos imóveis residenciais: A Comparison of ONIPETESI Estate and Its Neighbourhoods in IKEJA, Lagos State, Nigeria. *Journal of Sustainable Developm* , 72-79.

Jacobs, A. B., & Appleyard, D. (2007). Toward an Urban Design Manifesto. Em M. Larice, & E. Macdonald, *The Urban Design Reader* (pp. 98-108). Londres e Nova Iorque: Routledge.

Jacobs, J. (2007). The Uses of Sidewalks (Os usos dos passeios): Contacto. Em M. Larice, & E. Macdonald, *The Urban Design Reader* (pp. 80-92). Londres e Nova Iorque: Routledge.

Urbanisim, C. f. (2007). Carta do Novo Urbanismo. Em M. Larice, & E. Macdonald, *The Urban Design Reader* (pp. 308-311). Londres e Nova Iorque: Routledge.

Lynch, K. (2007). Dimensions of Performance. Em M. Larice, & E. Macdonald, *The Urban Design Reader* (pp. 109-114). Londres e Nova Iorque: Routledge.

Lockerbie, J. (2005). *O velho Qatar 01.* Recuperado de Catnaps:

http://catnaps.org/islamic/islaqatold.html

Teipelke, R. (2011). *O "portão" dos "condomínios fechados".* Recuperado de Places: http://blog.inpolis.com/2011/08/26/the-gate-in-gated-communities/

QatarMap. (2012). *Alojamento.* Recuperado de Qatar Map:

http://www.qatarmap.org/compound

Estatística, T. M. (2013). *Inquérito à utilização do tempo.* Doha.

Houghton, K. (2010). *Augmenting public urban spaces: The impact of the digital future on the design of public urban spaces.* Queensland, Austrália: Instituto de Indústrias Criativas e Inovação.

Sociedade Americana de Arquitetura Paisagista. (2009, 12 de setembro). *Cities for Cycling: Creating Bike-Friendly Streets.* Retrieved December 09th, 2012, from The Dirt, Uniting the Built and Natural Environment: http://dirt.asla.org/2009/12/09/cities-for-cycling-creating-safe-urban-bike- infrastructure/

Governo da cidade de Rockville. (n.d.). *Bicycling for Transportation.* Retirado de City of Rockville: http://www.rockvillemd.gov/recreation/bicycling/bike-transportation.htm

Equipa de estudo das bicicletas do Qatar. (2006). *RECOMENDAÇÃO DA REDE DE*

BICICLETAS DO QATAR. Doha: Autoridade de Obras Públicas.

Educação em bicicleta. (2011, 27 de maio). Recuperado de Bike Friendly Arlington: http://bikefriendlyarlington.com/2011/05/27/bike-lane-or-bike-route-whats- the-difference/

Litman, T. (10 de dezembro de 2012). *Avaliação dos benefícios e custos do transporte não motorizado.* Victoria, Canadá: Instituto de Política de Transportes de Victoria.

Autoridade de Estatística. (2011). *SERVIÇOS JUDICIAIS E DE SEGURANÇA.* Doha, Qatar: Autoridade de Estatística.

Sambidge, A. (2009, 20 de março). *O congestionamento de tráfego em Doha é a principal preocupação - inquérito.* Obtido de Arabian Business:

http://www.arabianbusiness.com/doha-traffic-congestion-is-main-concern- survey-64863.html

Roth, M. (2010, 10 de maio). *São Francisco ganha as suas primeiras pistas verdes para bicicletas na Market Street* . Recuperado de SF Streets Blog.org: file:///D:/2012-2013/Townscape/bicycle/case%20study%204.htm

Fischer, T. (2010, 26 de julho). *Benefícios de uma cidade amiga da bicicleta* . Recuperado de Anthropological Observations on economics, politics, and daily life: file:///D:/2012-2013/Townscape/bicycle/benefits-of-bike-friendly-city%20%28case%20study%201%29.html

Chernick, K. (2010, 13 de dezembro). *An Insider's Experience of Exploring Beirut by Bike.* Recuperado de reen Prophet: file:///D:/2012-2013/Townscape/bicycle/case%20study%20lebanon.htm

Schwartz, A. (2010). *Uma rede de ciclovias elevadas para Londres.* Retrieved from Co Exist : file:///D:/2012-2013/Townscape/bicycle/case%20study%20London.htm

Minora, L. (2010, 23 de julho). *Novas ciclovias em East Village: Bom para os ciclistas, mau para os negócios.* Recuperado de villagevoice.com: file:///D:/2012-2013/Townscape/bicycle/case%20study3.htm

Equipa de estudo das bicicletas do Qatar. (2006). *RECOMENDAÇÃO DA REDE DE BICICLETAS DO QATAR.* Doha: Autoridade de Obras Públicas.

Estaleiros de construção do Qatar. (2011). JTC constrói a primeira ciclovia em Doha. *Sítios de construção do Qatar* , 1.

A Equipa Independente. (2011, 24 de fevereiro). *Programa de partilha de bicicletas é um sucesso surpreendente no Qatar.* Retirado de The Independent:

http://www.independent.co.uk/travel/news-and-advice/cycle-share-scheme- proving-surprise-hit-in-qatar-2224147.html

Capítulo 6: O Papel do Corredor de Vida Selvagem na Conservação da Biodiversidade

Sapura Binti Mohamad, Arezou Shafaghat, Hamidah Binti Ahmad, Hasanuddin Bin Lamit, Ali Keyvanfar

1. INTRODUÇÃO

A atual crise da biodiversidade é o resultado direto da conversão e perda de habitats naturais que ocorrem em todo o mundo a taxas e escalas sem precedentes. Muitas das forças que conduzem à perda de habitat continuam a aumentar, acelerando assim a alteração do ecossistema (Vitousek, 1997). A fragmentação do habitat é um dos principais factores da atual crise da biodiversidade. Definida como a conversão de grandes áreas contínuas de habitat em blocos mais pequenos e separados uns dos outros, a fragmentação isola as populações de flora e fauna que outrora eram contínuas em áreas maiores (Anderson & Jenkins, 2006).

A paisagem é considerada um mar de ilhas de habitat e a única forma de as unir é através da conetividade proporcionada pelos corredores. Os corredores são um elemento da paisagem que desempenha um papel fundamental na conetividade. A palavra "corredor" pode ser facilmente mal utilizada e definida de forma incorrecta. Um corredor de vida selvagem foi definido como um habitat linear, inserido numa matriz diferente, que liga dois ou mais blocos de habitat maiores e que é proposto para conservação com base no facto de aumentar ou manter a viabilidade de populações específicas de vida selvagem nos blocos de habitat (Beier & Noss, 1998)

O principal objetivo da implementação de corredores de vida selvagem é aumentar a biodiversidade. Quando áreas de província natural intocada são quebradas pela interferência humana, a população de vida selvagem torna-se instável e muitas espécies de flora e fauna ficam em perigo. Ao voltar a ligar as parcelas fragmentadas do habitat remanescente, o corredor de vida selvagem é uma componente ou caraterística da paisagem que se crê poder reduzir ou atenuar os efeitos adversos da fragmentação do habitat. Os corredores actuam como ligações que facilitam a dispersão ou o movimento de indivíduos da vida selvagem, permitindo o intercâmbio genético e a recolonização de manchas de habitat das quais as populações foram localmente extirpadas (Beier & Loe, 1992).

A conservação da conetividade da paisagem tem sido cada vez mais reconhecida como uma estratégia fundamental para proteger a biodiversidade, manter ecossistemas viáveis e populações de animais selvagens. Manter ou aumentar a conetividade é a solução óbvia para a fragmentação. O nível de conetividade é a principal preocupação na conceção do corredor de vida selvagem e varia consoante a demografia da população, como a dimensão da população, as taxas de sobrevivência e de natalidade e a variação genética (Rosenberg, Noon & Meslow, 1997). Estes parâmetros demográficos são os dados importantes para determinar a conceção e a eficácia de um corredor. No entanto, a eficácia do corredor depende também de variáveis como o tamanho, o corredor vegetativo e o microclima (Jackson & Griffin, 2000).

2. DECLARAÇÃO DO PROBLEMA

Ao longo dos anos, o aumento dramático da população humana causou muitos desenvolvimentos no país, o que, por sua vez, provocou um grande aumento da urbanização rápida. Esta situação levou à conversão de terrenos para habitação, construção de auto-estradas e desenvolvimento de infra-estruturas, o que obrigou à realização de actividades de desflorestação. À medida que as áreas urbanas se expandem, provocam uma grande fragmentação das províncias naturais prístinas. Devido a esta situação, os habitats da vida selvagem são destruídos e a biodiversidade é largamente afetada. Este facto torna-se uma ameaça para a sobrevivência de muitas espécies (Hobbs, Hussey & Saunders, 1990).

Embora as estradas e as áreas urbanas ocupem geralmente apenas uma pequena fração de uma província natural, os seus impactos ameaçam bloquear o movimento dos animais entre os seus habitats. Uma das principais consequências desta fragmentação é o isolamento das populações de espécies da flora e da fauna, o que conduz à consanguinidade, à destruição dos recursos alimentares existentes e, eventualmente, à extinção de espécies (Thomas, 1991).

As estradas afectarão a vida selvagem através da perturbação do fluxo genético e da dinâmica das metapopulações. Os impactos diretos na vida selvagem incluem a mortalidade por colisão com veículos e a restrição ou alteração dos movimentos (Forman, 2003).

Na maioria das zonas urbanas, o habitat de vida selvagem que existe raramente está ligado entre si, criando assim um ambiente perigoso, uma vez que não existem oportunidades de migração segura e pouca ou nenhuma biodiversidade, que é essencial para a criação de um habitat sustentável. Foi utilizada uma variedade de estratégias com sucesso misto para aliviar os impactos das estradas na vida selvagem e os corredores de vida selvagem foram identificados como uma das soluções para mitigar os problemas de fragmentação do habitat (Noss, 1993).

Os benefícios ecológicos do estabelecimento de corredores de vida selvagem em habitats fragmentados estão bem documentados (Parks, Mckelvey & Schwartz, 2012). Os corredores de vida selvagem podem aumentar o valor ecológico das manchas, reduzindo a extinção da população e proporcionando um meio de recolonização (Bennett, 1990). Muitas das estruturas de travessia da vida selvagem, tais como passagens superiores e pontes verdes, passagens inferiores, bueiros e tubagens, têm sido utilizadas para facilitar o movimento da vida selvagem, mas não foram originalmente construídas tendo em mente a conetividade ecológica, muitas espécies beneficiam delas (Clevenger, Chruszcz & Gunson, 2001; Forman, 2003).

Em suma, os corredores são essenciais para qualquer espécie, uma vez que todas as espécies têm de migrar para sobreviver. A implementação é fácil, desde que haja apoio para ligar duas áreas de espaço verde, pois os corredores já existem nos nossos sistemas urbanos, apenas têm de ser convertidos em corredores de vida selvagem e apoiados pelo público.

3. REVISÃO DA LITERATURA

Este capítulo é uma revisão da literatura da investigação que compreende duas partes. A introdução aos corredores de vida selvagem inclui a definição, a importância, a função e os tipos de corredores de vida selvagem que constituem a primeira parte deste capítulo. A segunda parte deste capítulo analisa o quadro de conceção, bem como as variáveis envolvidas na implementação do corredor de vida selvagem.

3.1. Corredor de vida selvagem

Nos últimos anos, à medida que as estradas e o desenvolvimento humano se estenderam a áreas naturais outrora intocadas, a fragmentação do habitat tornou-se uma ameaça cada vez maior para a sobrevivência de muitas espécies (Hobbs, Hussey & Saunders, 1990). Talvez os mais ameaçados sejam os grandes mamíferos, como os carnívoros e os ungulados, que se deslocam regularmente a grandes distâncias. Os corredores de vida selvagem têm sido reconhecidos como uma estratégia fundamental para restaurar ou melhorar a paisagem alterada e fragmentada através da conetividade da paisagem (Bennett, 1999).

Nos últimos anos, o significado de corredores de vida selvagem é descrito muito literalmente como faixas de terra "lineares" ou "estreitas". No entanto, definições mais recentes reflectem um entendimento alargado dos corredores de vida selvagem, que são agora descritos como componentes da paisagem que facilitam o movimento de organismos e processos entre áreas de habitat intacto. Nesta definição estão implícitas duas ideias: (1) os corredores apoiam a deslocação de processos bióticos, como a deslocação de animais, a propagação de plantas ou o intercâmbio genético, e de processos abióticos, como a água, a energia ou os materiais; e (2) os corredores são específicos para cada processo ou espécie (Jongman & Pungetti, 2004).

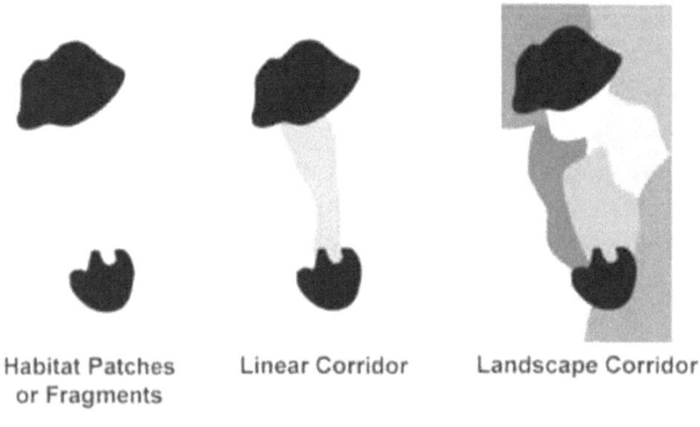

Figura 1: Conceito de Corredor de Paisagem em Ecologia da Paisagem (Cortesia da Conservation International, 2000)

Estes corredores ligam dois ou mais blocos de habitat separados, inseridos numa matriz que, em conjunto, constituem um mosaico paisagístico (Anderson e Jenkins, 2006). São essencialmente concebidos para melhorar, proteger ou aumentar a área de habitats raros e, ao mesmo tempo, promover os movimentos ou migrações de espécies ou grupos de espécies-alvo. Além disso, os corredores naturais podem ter diferentes formas, como linear, com nós, com nós desconectados (stepping stones) e mosaicos de paisagem (Bennett, 1999).

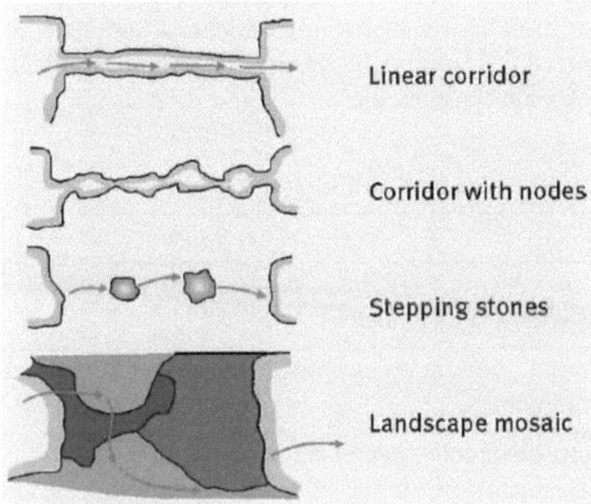

Figura 2: Diferentes estruturas de corredores naturais (Bennett, 1999)

2.1. Importância do Corredor de Vida Selvagem

A importância de um corredor de vida selvagem só pode advir do habitat principal que está a ligar. Os corredores dependem de uma matriz de áreas naturais existentes, mas descontínuas, para realizarem todo o seu potencial. Na maior parte das zonas urbanas, o habitat de vida selvagem que existe raramente está ligado entre si e, por conseguinte, cria um ambiente perigoso, uma vez que não há oportunidades de migração segura e há pouca ou nenhuma biodiversidade, que é essencial para a criação de qualquer habitat sustentável.

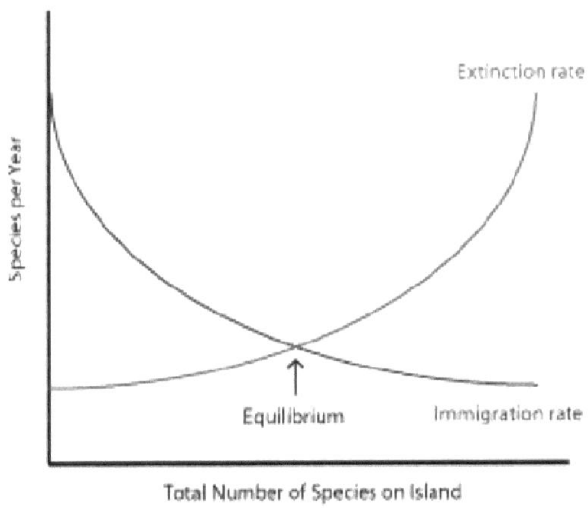

Figura 3: A relação entre a taxa de imigração e a taxa de extinção (MacArthur & Wilson, 2001)

2.2. Funções do Corredor de Vida Selvagem

Na ecologia da paisagem, um corredor pode funcionar como um habitat para certas espécies, uma conduta para o movimento, uma barreira ou filtro e também uma fonte ou sumidouro de efeitos ambientais e bióticos na matriz circundante (Anderson & Jenkins, 2006). As funções que um corredor desempenha dependem da sua interação com a matriz circundante e com o ambiente da mancha, bem como da sua dinâmica interna.

Tabela 1: Funções do corredor (Anderson & Jenkins, 2006)

Função do corredor	**Descrição**
Conduta para o movimento	✓ Servir de via ou conduto para o movimento de organismos e materiais abióticos.
Habitat	✓ Proporcionar condições ambientais adequadas para a vida dos organismos.
Barreira ou filtro	✓ Sendo um obstáculo parcial ou total ao movimento de organismos e materiais abióticos, um corredor pode servir de barreira.
Fonte ou sumidouro	✓ Fornecer uma fonte a partir da qual os organismos e os materiais abióticos se propagam para as áreas circundantes, ou existindo como um sumidouro que depende de organismos e materiais abióticos que chegam de outros locais.

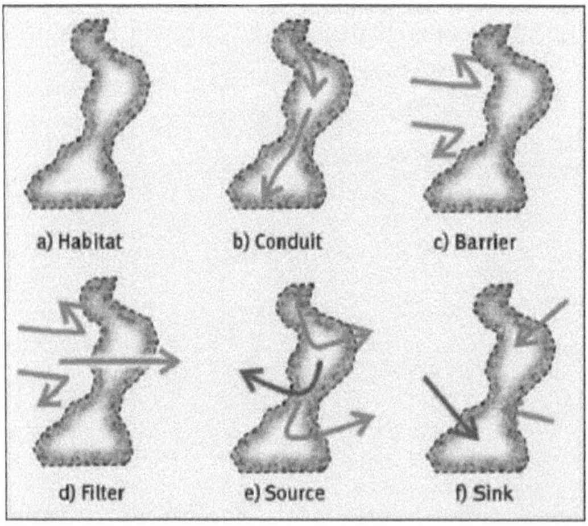

Figura 4: Função dos corredores (Berges Lawrence, Philip Roche & Catherine Avon, 2011)

2.3. Tipos de corredores de vida selvagem

Jongman e Pungetti (2004) distinguiram três (3) tipos diferentes de corredores de vida selvagem com base no seu suporte de processos bióticos:

i) Corredor de migração: Os corredores de migração são utilizados pela vida selvagem para movimentos migratórios anuais entre zonas de origem, como o habitat de inverno e de verão.

ii) Corredor de dispersão: Os corredores de dispersão são utilizados para movimentos unidireccionais de indivíduos ou populações de uma área de recursos para outra. A dispersão é fundamental para a manutenção da diversidade genética dentro das populações de espécies e para a persistência de populações fragmentadas que podem necessitar de imigração regular para evitar a extinção local.

iii) Corredor de deslocação: Os corredores de deslocação ligam elementos de recursos das áreas de residência das espécies para apoiar os movimentos diários, incluindo a reprodução, o repouso e a procura de alimentos. Como tal, os corredores de deslocação facilitam movimentos localizados ao longo da paisagem, importantes para a sobrevivência e reprodução diárias.

2.4. Quadro para a Conceção de Corredores de Vida Selvagem

Fleury e Brown (1997) desenvolveram um quadro para a conceção de corredores de vida selvagem (FDWC) que combinava a ideologia de um método flexível com as teorias associadas aos corredores de vida selvagem. Este quadro foi concebido para fornecer uma abordagem para processar a informação científica existente e sintetizá-la na aplicação da conceção.

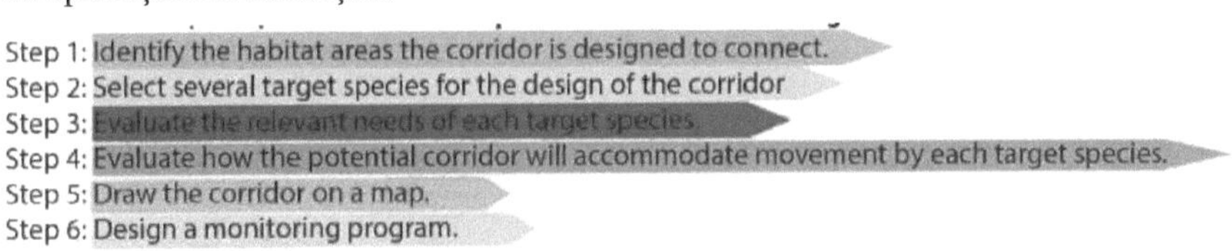

Figura 6: Lista de controlo em seis etapas para a avaliação dos corredores (Beier & Loe, 1992)

O objetivo do corredor é uma das questões importantes a abordar no estudo. Neste estudo, os corredores ecológicos são o foco principal, uma vez que os corredores de vida selvagem consideram o movimento da vida selvagem como uma prioridade. Para além disso, os corredores bem-sucedidos estão relacionados com a "qualidade" do corredor, que foi definida por atributos de conceção e pela capacidade das espécies de utilizarem o corredor para se deslocarem entre parcelas (Bennett, 1990). O inventário biofísico da paisagem é o último componente que constitui o segundo nível com os outros dois componentes acima referidos no quadro.

2.5. Atributos do corredor

Os atributos do corredor são as caraterísticas que afectam a qualidade do corredor e que, por sua vez, podem ser afectadas pela conceção. Estes atributos foram selecionados a partir da literatura sobre corredores de vida selvagem e também foram organizados desde a escala mais ampla da paisagem até à questão de conceção mais específica. Os atributos críticos dos corredores, tal como identificados na literatura, incluem a matriz, a mancha, a conetividade da rede, a barreira, o comprimento, a largura, a forma, o bordo, a estrutura e a composição (Fleury & Brown 1997). Os atributos e as suas caraterísticas são apresentados de seguida;

i) Matriz: O corredor existe dentro de uma matriz; a matriz apresenta uma barreira ou um espaço alternativo, mas penetrável, para as espécies que utilizam o corredor. A gestão da matriz pode ajudar a torná-la menos hostil para a dispersão dos animais, ou aumentar a sua letalidade. Por exemplo, muitos pequenos mamíferos consideram certos tipos de culturas inóspitos para a deslocação. Contudo, a matriz pode fornecer alimento, água ou abrigo para outra fauna que utiliza o corredor de vida selvagem como via de deslocação.

ii) Mancha: O tamanho e a forma das manchas na paisagem são importantes no processo ecológico . Os efeitos de borda são maximizados ou minimizados dependendo destas caraterísticas de uma mancha. As manchas devem ser orientadas perpendicularmente ao corredor para "apanhar" o maior número possível de espécies. As manchas circulares são mais eficazes do que as rectangulares para proteger os seus recursos internos de forças como a penetração do vento. Além disso, as espécies interiores e a riqueza de espécies devem ser mais elevadas numa mancha circular do que numa mancha alongada.

iii) Conectividade da rede: A conetividade na paisagem refere-se ao grau em que todos os nós de um sistema estão ligados por corredores. Uma caraterística estrutural importante da rede é o tipo de ligação em que as linhas dos corredores se intersectam ou terminam. As intersecções dos corredores são importantes, uma vez que o microclima nos pontos de intersecção tem demonstrado ser diferente do microclima do corredor em geral. Em termos de forma, as intersecções dos corredores podem ter a forma de 'T', 'L' ou '+', e geralmente têm uma pequena interrupção perto da intersecção. Nenhum tipo de intersecção se revelou preferido por todas as espécies.

iv) Barreira: Quando um animal encontra uma barreira no corredor, o seu movimento pode ser interrompido. Esta falta de movimento aumenta a possibilidade de um predador localizar a espécie. Além disso, esta quebra pode aumentar os efeitos da fragmentação, uma vez que as espécies não conseguem chegar ao seu destino. De facto, o corredor tornou-se uma mancha isolada. As barreiras ou rupturas num corredor contínuo numa zona marginal ou agrícola são frequentemente causadas por estradas. As estradas atravessam frequentemente muitas áreas de habitat semelhante e podem ser a causa mais destrutiva da fragmentação. Devido a esta tendência para interromper a conetividade, as estradas requerem soluções especiais por parte dos projectistas de vias verdes.

v) Forma: A forma que é mais frequentemente associada aos corredores é a de um retângulo. Outras alternativas a esta forma estão presentes na paisagem, muitas vezes com resultados desastrosos para as espécies que utilizam o corredor. Apresentam-se algumas conclusões gerais sobre a forma dos corredores. Em primeiro lugar, qualquer desvio da linearidade pode ser prejudicial, uma vez que se passa mais tempo num ambiente periférico. Em segundo lugar, os corredores mostraram ser mais eficazes com lados rectos e uma largura constante. No entanto, existe alguma contradição. Foi sugerido que pequenas protuberâncias ou nós ao longo do corredor podem permitir que a rota migratória se transforme em habitat para determinadas espécies. Além disso, os efeitos de borda poderiam ser minimizados se fosse utilizada uma borda emplumada, em oposição a uma borda abrupta de um corredor.

vi) Borda: Uma borda é definida como uma faixa ou anel exterior, que difere significativamente do interior da mancha ou corredor. Nesta orla encontram-se espécies e composições vegetais diferentes, representando o 'efeito de orla'. Se os corredores forem demasiado estreitos, podem ser completamente "limítrofes", não funcionando como faixas permanentemente povoadas entre manchas de habitat (Thomas, 1991). As espécies do interior do habitat têm menos probabilidades de abandonar as manchas de habitat ou os corredores se estes forem grandes, tiverem bordos facilmente detectáveis e se essas espécies tiverem uma forte preferência pelo habitat interior. Assim, os corredores curtos e largos serão provavelmente adequados para todas as espécies do interior, mas os corredores longos e finos só serão adequados para espécies com uma forte preferência pelo habitat e se os corredores tiverem bordos facilmente detectáveis (Thomas, 1991).

vii) Estrutura: Geralmente, um corredor tem uma estrutura interna, incluindo a sua largura, estratificação vertical e altura. A definição deste atributo do corredor utilizada neste estudo é a da estratificação vertical da vegetação. A estrutura da vegetação, medida pelo número de camadas presentes num corredor ou sebe, tem sido relacionada com a diversidade faunística. O tipo de vegetação e a disposição encontrada no corredor podem afetar a qualidade. Um corredor estruturalmente diversificado é muito mais benéfico para um maior número de espécies do que um corredor simples. A diversidade é descrita como um corredor com várias camadas numa secção transversal. Estes estratos podem consistir em gramíneas, pequenos arbustos, arbustos altos e uma mistura de árvores de folha caduca e coníferas.

viii) Composição: A composição de um corredor é definida como a flora específica necessária para melhorar a qualidade do corredor. O corredor deve fornecer alimentos e abrigos necessários. Em geral, as árvores e arbustos necessários têm de fornecer alimento para os animais, aves e insectos. Os seus ramos devem proporcionar abrigo contra o vento e oportunidades de nidificação na primavera e no verão. A escolha do material vegetal para o corredor deve ser feita comparando as listas de material vegetal desejado com a região florestal específica (espécies nativas) onde o corredor é desejado. Além disso, a utilização animal pretendida determinará a composição da fauna necessária.

1.5. Espécies-alvo

A capacidade de um habitat para suportar diferentes populações pode ser determinada através da monitorização de guildas de animais e não através de todas as espécies ou de espécies indicadoras. Um grémio é definido como grupos de espécies que exploram a mesma classe de recursos ambientais de forma semelhante (Hellmund, 1993).

Existem várias maneiras de agrupar espécies em guildas. Neste estudo, os grémios foram definidos com base no tamanho, no caso dos mamíferos, e nas necessidades de habitat, no caso de todos os outros grupos de espécies.

As necessidades de habitat podem ser traduzidas na estrutura e composição dos corredores, enquanto o tamanho das espécies se relaciona diretamente com o comprimento dos corredores. A identificação de grupos de espécies permite aos projectistas de corredores ter em conta espécies individuais quando existe pouca informação específica sobre as necessidades dos corredores. Os grupos de espécies identificados para utilização neste estudo foram: insectos, répteis e anfíbios, aves, pequenos mamíferos, mamíferos médios e grandes mamíferos. O que estes grupos têm em comum é a utilização dos corredores para actividades específicas, incluindo, em primeiro lugar, a deslocação seguida de alimentação, nidificação e repouso.

A conceção e o planeamento de corredores de vida selvagem centram-se sempre numa espécie ou em grupos específicos de interesse para a conservação. Os seis (6) grupos de espécies acima referidos são reagrupados em 8 categorias, conforme a tabela 2.3 abaixo, para descrever os seus requisitos ecológicos e a forma como as estradas os afectam (Clevenger & Huijser, 2011).

Tabela 2: Categorias de grupos de espécies de acordo com os seus requisitos ecológicos (Clevenger & Huijser, 2011)

Grandes mamíferos	Espécies com grandes necessidades de área e potencial comportamento migratório; suficientemente grandes para constituírem um problema de segurança para os automobilistas; a mortalidade relacionada com o tráfego pode
Mamíferos de tamanho médio com elevada mobilidade	Espécies de grande distribuição; os efeitos de fragmentação das estradas podem afetar as populações locais.
Baixa mobilidade Mamíferos de tamanho médio	Espécies com menores requisitos de área; mortalidade comum relacionada com a estrada; populações relativamente abundantes.
Mamíferos semi-arbóreos	Espécies que dependem de habitats florestais para se deslocarem e satisfazerem os requisitos de vida; mortalidade comum relacionada com as estradas.
Mamíferos semi-aquáticos	Espécies associadas a habitats ribeirinhos para efeitos de deslocação e requisitos de vida; mortalidade comum relacionada com as estradas.
Pequenos mamíferos	Espécies que são comuns à mortalidade relacionada com a estrada; populações relativamente abundantes.
Anfíbios	Espécies com necessidades especiais de habitat; populações relativamente abundantes à escala local; as populações são altamente susceptíveis à mortalidade nas estradas.
Répteis	Espécie com necessidades especiais de habitat; o ambiente rodoviário tende a atrair indivíduos; populações relativamente abundantes.

Além disso, será útil para o projetista do corredor distinguir os tipos de movimento e de habitat que está a tentar conservar dentro de um corredor. Ostfeld, Stenseth e

Lidicker (1994) referem-se a três tipos de movimento: (1) dispersão - movimento unidirecional para longe do local de origem; (2) migração - movimentos de ida e volta; e, (3) movimentos - movimentos individuais (por exemplo, em torno de uma área de residência). Para além disso, distinguem três tipos de habitat: (1) habitat de transição - habitat adequado apenas para o movimento de um dispersor; (2) habitat marginal - habitat que permite a sobrevivência e, por vezes, a reprodução; e (3) habitat de sobrevivência - um "bom habitat" em que tanto a sobrevivência como a reprodução podem ocorrer.

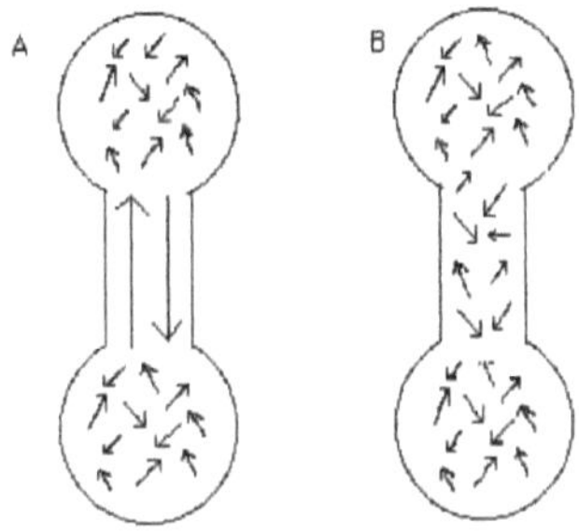

Figure 7: Dois modelos para o Movimento do Corredor (A) Dispersão e Migração no Habitat de Transição, (B) Movimento no Habitat de Sobrevivência (McEuen, 1993)

Além disso, a partir da variedade de funções que um corredor serve, as espécies-alvo podem ser categorizadas em dois tipos de utilizadores de corredores, nomeadamente espécies de passagem e espécies que vivem nos corredores (Beier & Loe, 1992). As espécies de passagem incluem grandes herbívoros e carnívoros de médio a grande porte que necessitam de corredores para permitir que os indivíduos passem diretamente entre duas áreas em eventos discretos de curta duração. Para estas espécies, os corredores facilitam a dispersão de juvenis, a migração sazonal e a conetividade da área de residência, podendo estas espécies utilizar os três tipos de habitat. Por outro lado, os habitantes dos corredores incluem espécies com capacidade de dispersão limitada que levam vários dias a várias gerações a atravessar um corredor. Estas espécies devem poder viver no corredor durante longos períodos. Por conseguinte, o corredor deve fornecer a maior parte ou a totalidade dos requisitos da história de vida da espécie . Os habitantes dos corredores incluem a maioria das plantas, répteis, anfíbios, insectos, pequenos mamíferos e aves com capacidade de dispersão limitada. Os habitantes dos corredores deslocam-se dentro da sua área de residência e utilizam os tipos de habitats de sobrevivência e, em menor grau, os tipos de habitats marginais.

Uma espécie-alvo pode ser qualquer espécie que tenha a maior necessidade de um corredor para sobreviver. Os teóricos actuais dos corredores de vida selvagem colocam uma ênfase crescente na necessidade de conceber corredores especialmente para espécies-alvo nativas e prioritárias para a conservação. Em vez de conservar todas as espécies existentes, Beier e Loe (1992) reforçam a importância da espécie-alvo, afirmando que a espécie de interesse é o fator mais importante de uma série de parâmetros utilizados para determinar a largura do corredor. Estas espécies de interesse incluem espécies guarda-chuva, espécies-chave e espécies-bandeira.

Umbrella: Umbrella species require habitats and resources that also support a variety of other species, communities, and/or ecosystems. As a result, conservation efforts aimed at umbrella species are likely to generate broad conservation benefits. Umbrella species usually have (i) large area requirements; (ii) specific, well-defined habitat requirements; (iii) well-understood life histories (ideally subject to ongoing monitoring or study); and (iv) good chances of population stability or reintroduction to the area prioritized for conservation efforts.

Keystone: A keystone species has a strong and unique impact on the ecosystem it inhabits. Removal of this species can disrupt ecosystem processes and possibly trigger the extinction of other species in the community. Large carnivores are often keystone species because their feeding behavior regulates the populations of other species.

Flagship: A flagship species is a charismatic animal that helps attract public support for conservation. Giant pandas (Ailuropoda melanoleuca) are a classic example of a flagship species.

Figure 8: As caraterísticas das espécies de interesse (Adaptado de Anderson & Jenkins, 2006)

1.6. Inventário biofísico

A fim de melhor adequar a composição e distribuição dos corredores propostos ao ambiente existente, é importante efetuar um inventário das caraterísticas biológicas e físicas do local. As caraterísticas a inventariar e cartografar incluem a geologia, os solos, o declive, a topografia, o tipo e a estrutura da vegetação e a descrição da fauna. Estes inventários ou caraterísticas da paisagem fornecem pistas para a localização adequada do corredor, uma vez que são os elementos-chave da qualidade do habitat. Por conseguinte, são utilizados para selecionar a área candidata ou a localização do corredor e determinar uma configuração provisória do corredor.

Para além das generalidades, podem ser utilizados vários métodos para determinar as localizações óptimas para os corredores de fauna bravia: (1) dados sobre atropelamentos e AVC, (2) análise da paisagem com base no Sistema de Informação Geográfica, (3) opiniões de peritos, e (4) estudos de campo específicos para sítios e espécies. Idealmente, dever-se-ia utilizar uma combinação destas abordagens para "verificar" os seus resultados (Clevenger, Wierzchowski, Chruszcz & Gunson, 2002).

1.7. Conceção da plantação

O projeto de plantação do corredor de vida selvagem dependerá de ambos os atributos acima referidos, nomeadamente a estrutura e a composição. Além disso, existem outras considerações que devem ser tidas em conta ao planear o desenho da plantação, uma vez que o tipo de vegetação e o arranjo encontrados no corredor podem afetar a qualidade. Existem várias sugestões de composição da plantação para diferentes grupos de espécies. Sugere-se que o desenho da plantação deve ser melhor com um certo grau de aleatoriedade ou assimetria, em vez de ser construído simetricamente (Davis, 2008).

3. VARIÁVEIS QUE INFLUENCIAM A EFICÁCIA DOS CORREDORES DE VIDA SELVAGEM

As avaliações da eficácia dos corredores de vida selvagem indicam a necessidade de uma conceção e colocação cuidadosas, e que a eficácia depende de uma variedade de variáveis, incluindo: níveis de ruído, substrato, humidade, temperatura e luz. Para conceber um corredor de vida selvagem eficaz, é necessário prestar atenção às caraterísticas que afectam a sua utilização (Jackson & Griffin, 2000).

i) IluminaçãoAlgumas espécies hesitam em entrar em passagens inferiores que não tenham luz ambiente suficiente. Por outro lado, há provas de que as espécies sensíveis à perturbação humana evitam zonas artificialmente iluminadas (Beier, 1995). A manutenção da iluminação natural através da utilização de passagens superiores, passagens inferiores de grandes dimensões ou passagens inferiores de topo aberto (gradeadas) pode ajudar a resolver estes problemas.

ii) HumidadeiA manutenção de um substrato húmido é importante para algumas espécies de anfíbios. Os musaranhos são frequentemente mais activos (ou mais móveis) em noites chuvosas e também podem preferir substratos húmidos para se deslocarem. As passagens inferiores nas travessias de cursos de água serão provavelmente suficientes para as espécies que utilizam habitats ribeirinhos ou ripícolas. Contudo, muitas espécies de anfíbios não utilizam zonas ribeirinhas ou ripícolas para migrar e a presença de água corrente pode impedir a sua utilização por essas espécies. As passagens inferiores de topo aberto (gradeadas ou com ranhuras) fornecem humidade suficiente para as travessias que não têm água corrente. Em alternativa, podem ser concebidos sistemas inovadores de águas pluviais para sistemas fechados que forneçam água suficiente para manter as condições de viagem húmidas sem criar condições de inundação ou de corrente. A drenagem adequada é importante, porque algumas espécies de animais selvagens são menos propensas a utilizar estruturas quando estas contêm água parada (Santolini et al., 1997).

iii) TemperaturaiAs pequenas passagens subterrâneas podem criar disparidades de temperatura (interior vs. exterior) que impedem a utilização por alguns anfíbios (Langton, 1989). Passagens subterrâneas maiores ou sistemas abertos que permitam um maior fluxo de ar podem resolver eficazmente este problema.

iv) Nível de ruídoO ruído **do tráfego** pode ser um problema para alguns mamíferos, especialmente para os sensíveis à perturbação humana. Certas concepções de passagens inferiores (as que têm juntas de dilatação e as que têm canteiros centrais descobertos) podem ser bastante ruidosas (Santolini et al., 1997). Os projectos a céu aberto seriam inadequados para espécies sensíveis ao ruído do tráfego. Os sistemas de passagens superiores que incorporam zonas de proteção com árvores e arbustos ao longo das margens parecem ser muito mais silenciosos do que os sistemas de passagens inferiores.

v) Alguns pequenos animais sentem-se mais seguros ao utilizar um sistema de travessia se este oferecer cobertura suficiente. Por exemplo, as filas de cepos numa passagem inferior parecem facilitar a utilização por pequenos mamíferos (Linden, 1997).

A manutenção ou a reprodução das condições do leito dos cursos de água nas passagens de água sobredimensionadas pode facilitar a utilização por salamandras, rãs, pequenos mamíferos e invertebrados aquáticos, mantendo assim a continuidade do habitat na área das passagens de cursos de água. Certas espécies com requisitos de substrato muito específicos podem exigir uma atenção especial nas passagens para a vida selvagem (Mansergh & Scotts, 1989).

4. RECOMENDAÇÕES

4.1. Orientações e considerações em matéria de conceção

Basicamente, as diretrizes e considerações de design abrangerão os seguintes aspectos, nomeadamente a localização e o contexto do local, a especificação, a fauna selvagem alvo e também o design da plantação, que são sintetizados a partir dos resultados obtidos nos capítulos anteriores. É feita uma conclusão

4.2. Localização e contexto do sítio

A localização do local é geralmente considerada o fator mais crítico que afecta o sucesso de um corredor de vida selvagem. A localização correta deve ser determinada como o critério principal no planeamento e conceção de um corredor de vida selvagem. A escolha da localização do corredor deve ter em conta o padrão de movimento existente das espécies-alvo. Em relação a isto, o contexto do sítio será o critério utilizado para determinar a localização do corredor. Normalmente, o corredor deve estar localizado entre zonas com um grande número de espécies selvagens ou com a existência de espécies ameaçadas de extinção. Para além dos conflitos de travessia e dos pontos de atropelamento em que ocorrem frequentemente colisões entre veículos e animais selvagens, as auto-estradas com um limite de velocidade elevado ou um elevado volume de tráfego também indicam a necessidade de um corredor de vida selvagem numa determinada área.

A localização de um corredor pode ser afetada pela relação entre os padrões de movimento sazonal e o objetivo específico do corredor. É importante localizar os corredores para as espécies migratórias ou de grande distribuição utilizando os intervalos sazonais baseados na altura da migração ou dispersão. A localização dos corredores pode ser diferente para os diferentes sexos da mesma espécie-alvo. Também é importante alinhar os corredores com outros habitats que sejam adequados para as espécies-alvo.

Os atributos da paisagem que tendem a favorecer a deslocação dos animais, tais como corredores ripícolas, bordos de habitat e manchas de habitat relativamente não perturbado, também devem ser tidos em consideração ao determinar a localização do corredor de vida selvagem. Por exemplo, as regiões em que os corredores de movimento são interrompidos por infra-estruturas, fragmentadas ou cortadas por estradas ou auto-estradas e em que a conetividade do habitat se perdeu porque os animais se recusam a deslocar-se também constituem um contexto potencial para a proposta de um corredor de vida selvagem.

O "contexto" dos corredores de vida selvagem na paisagem pode ser importante para a utilização dos corredores. Os corredores de vida selvagem que continham uma variedade de posições topográficas (ou seja, ravinas a cumes) suportavam mais espécies e uma maior abundância de animais do que os locais ligados a uma única posição topográfica, como uma encosta média. Este estudo indica que os conectores de paisagem com uma variedade de locais devido à topografia têm uma maior diversidade de habitats e, consequentemente, de espécies.

4.3. Especificação do projeto

Com base na revisão da literatura e no estudo de caso e de referência nos capítulos anteriores, pode concluir-se que a travessia da vida selvagem é a utilização mais comum dos corredores de vida selvagem para facilitar o movimento da vida selvagem. Uma ponte sobreposta é frequentemente utilizada por espécies com tamanho corporal relativamente médio e pequeno, bem como com pouca mobilidade, como mamíferos pequenos a médios, répteis e insectos.

A conceção do corredor deve ter em conta alguns elementos de conceção para garantir a eficácia do seu objetivo. A fim de evitar que os animais tentem atravessar a estrada, deve ser instalada uma vedação em forma de funil para afastar os animais das superfícies da estrada e os encaminhar para a passagem superior ou corredor criado. Para além disso, a estrutura deve ser concebida de modo a suportar o peso do solo e também da vegetação aí plantada durante um período de vida de, pelo menos, 120 anos. O corredor também deve ser orientado perpendicularmente às manchas que liga. Além disso, verificou-se que a forma dos corredores lineares, quer em ampulheta quer em retângulo, é superior a todas as outras formas.

O caderno de encargos para o projeto da passagem superior:

a) Utilizador: apenas animais selvagens

b) Largura: mínimo 50 metros

c) Altura: mínimo 5 metros

d) Comprimento: 80 metros ou mais

e) Profundidade do solo: 2 metros

f) Altura da vedação: espécie - específica

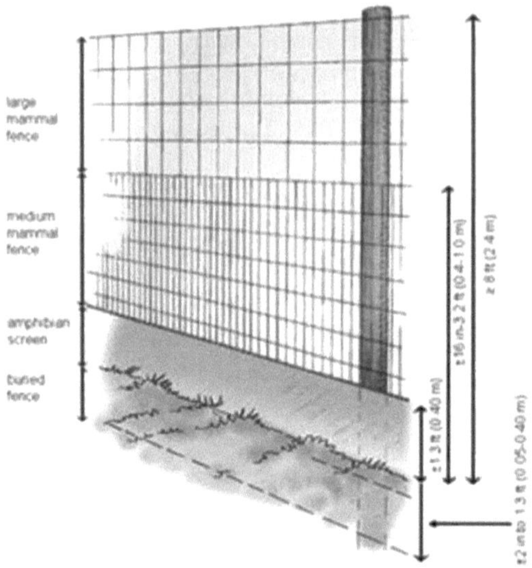

Figura 10: A vedação em forma de funil é específica para cada espécie.

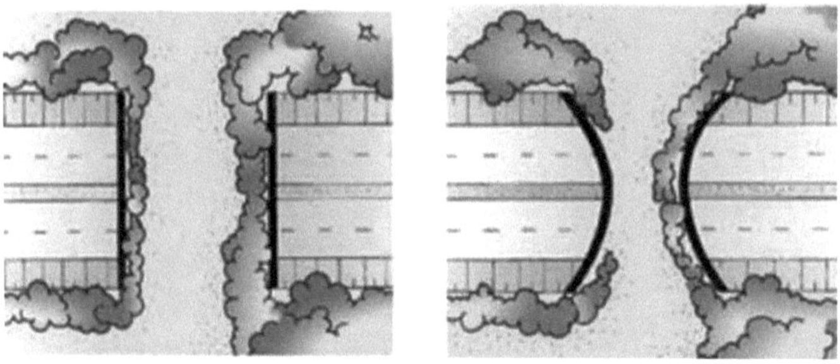

Figura 11: Os sensores de imagem em forma de retângulo e de ampulheta são superiores a todas as outras formas

REFERÊNCIAS

Anderson, A., & Jenkins, C. (2006). Aplicando o design da natureza. Nova Iorque: Columbia University Press.

Mata Atlântica. Washington, D.C.: Centro de Ciências Aplicadas à Biodiversidade,

Beier, P. (1995).Dispersão de Pumas Juvenis em Habitat Fragmentado.The Journal OfWildlife Management, 59(2), 228.

Beier, P., & Loe, S. (1992). A checklist for evaluating impacts to wildlife movement corridors, Wildlife Society Bulletin, 20(4), 434-440

Beier, P., & Noss, R. (1998). Do Habitat Corridors Provide Connectivity7.ConservationBiology, 12(6), 1241-1252.

Bennett, A. (1990). Corredores de habitat e a conservação de pequenos mamíferos num ambiente florestal fragmentado. Landscape Ecol, 4(2-3), 109-122.

Bennett, A. (1999). Linkages in the landscape (Ligações na paisagem). Gland, Suíça: IUCN - a União Mundial para a Natureza.

Berges Lawrence, Philip Roche e Catherine Avon, (2011) Criação de uma rede ecológica nacional para conservar a biodiversidade. Prós e contras dos corredores ecológicos, Sciences Eaux & Territoires, la revue d'Irstea. Obtido em 26 de novembro de 2014, de http://www.set-revue.fr/establishment- rede-ecologica-nacional-conservar-biodiversidade-pros-e-contras-corredores-ecologicos

Clevenger, A., & Huijser, M. (2011). Manual de conceção e avaliação de estruturas de travessia de animais selvagens na América do Norte. Lakewood CO: Divisão Central de Rodovias Federais da Administração Federal de Rodovias dos EUA.

Clevenger, A., Chruszcz, B., & Gunson, K. (2001). Drainage culverts as habitat linkages and factors affecting passage by mammals.Journal Of Applied Ecology, 38(6), 1340-1349.

Clevenger, A., Wierzchowski, J., Chruszcz, B., & Gunson, K. (2002). GIS- Generated, Expert-Based Models for Identifying Wildlife Habitat Linkages and Planning Mitigation Passages.Conservation Biology,16(2), 503-514.

Conservation International. 2000. Projetando Paisagens Sustentáveis: A Conservação Internacional

Fleury, A., & Brown, R. (1997). A framework for the design of wildlife conservation corridors With specific application to southwestern Ontario. Landscape AndUrban Planning, 37(3-4), 163-186.

Forman, R. (2003). Road ecology. Washington, DC: Island Press.

Hellmund, PC. (1993). Um método para a conceção de vias verdes ecológicas. Em: Smith, D.S., Hellmund, P.C. (Eds.), The Ecology of Greenways. University of Minnesota Press, Minneapolis.

Hobbs, R., Hussey, B., & Saunders, D. (1990). Conservação da natureza: o papel dos corredores. Journal OfEnvironmental Management, 31(1), 93-94.

Jackson, S. D., e C. R. Griffin. (2000). A strategy for mitigating highway impacts on wildlife. Wildlife and Highways: Seeking solutions to an ecological and socioeconomic dilemma. The Wildlife Society Bethesda, MD.

Jongman, R., & Pungetti, G. (2004). Ecological networks and greenways. Cambridge, Reino Unido: Cambridge University Press.

Langton, T. (1989). Amphibians and roads. Shefford, Bedfordshire: ACO Polymer Products.

Linden, P.J.H. van der, (1997). Um muro de cepos de árvores como corredor de fauna.pp. 409-417 InK. Canters (ed.) Habitat Fragmentation & Infrastructure, actas da conferência internacional sobre fragmentação de habitats, infra-estruturas e o papel da engenharia ecológica. Ministério dos Transportes, Obras Públicas e Gestão da Água, Delft, Países Baixos.

MacArthur, R., & Wilson, E. (2001). The theory of island biogeography. Princeton: Princeton University Press.

Mansergh, I., & Scotts, D. (1989). Continuidade do habitat e organização social do gambá-pigmeu da montanha restaurada por túnel. Bethesda, Md.: Wildlife Society.

MIX
Papier aus verantwortungsvollen Quellen
Paper from responsible sources
FSC® C105338

Printed by Books on Demand GmbH, Norderstedt / Germany